"所以，青春是什么颜色的呢？"

菠萝橙 Pineapple orange	银杏黄 Ginkgo Yellow	石榴红 Pomegranate r
樱花粉 Cherry blossom	豆红色 Bean red	落日橙 Sunset orange
糖画色 Sugar painting	海螺橙 Conch Orange	竹子青 Bamboo green
海星橙 Starfish orange	向日葵黄 Sunflower yellow	枫叶橙 Maple Leaf Oran
梅子青 Plum blue	蔷薇粉 Rose	烟雨天青色 Celeste Misty Ro
枣红色 Rad date	梧桐黄 Sycamore Yellow	熏衣草紫 Lavender Purpl

藕荷色 Lotus color	麦田色 Wheat field	绿豆沙冰色 mung bean ice
青团绿 reen dumpling	乱子草粉 Muhlenbergia capillaris	撒哈拉黄 Core Sahara Yellow
番木瓜色 Papaya	奶油黄 Cream yellow	胭脂红 Carmine
咖啡色 coffee	芭蕉绿 Plantain green	青灯古卷色 Ancient scroll
海滩黄 beach	咸蛋黄色 Salted Edd Yolr	桃粉色 peach
珊瑚橙 Coral Orange	狗尾巴草绿 Dog's tail grass	蜂蜜色 Honey

阿以

打开
成长"盲盒"

打造"准天才"计划

流口水儿　著

河北出版传媒集团
河北人民出版社
石家庄

图书在版编目（ＣＩＰ）数据

打开成长"盲盒" / 流口水儿著. -- 石家庄 : 河
北人民出版社，2021.2
ISBN 978-7-202-15191-4

Ⅰ．①打… Ⅱ．①流… Ⅲ．①人生哲学－青少年读物
Ⅳ．①B821-49

中国版本图书馆CIP数据核字(2021)第010070号

书　　名	**打开成长"盲盒"**	
	DAKAI CHENGZHANG MANGHE	
著　　者	流口水儿	
责任编辑	王　轶	
美术编辑	于艳红	
封面设计	郭军丽	
责任校对	付敬华	
出版发行	河北出版传媒集团　河北人民出版社	
	（石家庄市友谊北大街 330 号）	
印　　刷	河北新华第二印刷有限责任公司	
开　　本	787 毫米×1092 毫米　1/16	
印　　张	18.75	
字　　数	215 000	
版　　次	2021 年 2 月第 1 版　2021 年 2 月第 1 次印刷	
书　　号	ISBN 978-7-202-15191-4	
定　　价	62.00 元	

请写下你的梦想

签名：

年　　月　　日

梦开始的七天里

Day 1

Day 2

Day 3

Day 4

Day 5

Day 6

Day 7

我有六只潜力股

对面的宝贝看过来！

宝贝，真的很幸运我能与你相遇。在你翻开此书的一刻，我们已经互相影响，融入彼此的轨迹。

我不想教育你做人处世，更不想大谈成功学——没人有资格教别人怎么做。我特别讨厌别人给我讲道理，相信你也一样。

这是一本"动态"的书，你能看到它会跟随着你进步，你能看到它有自己的故事，你也能看到它可能就是你自己。

我平常记性不好，连背诗都费劲，所以这本书不会有十几万字让你记不完的方法论，也不会空讲大道理，更不会居高临下告诉你要如何"存天理去人欲"——没有欲望，社会就没有发展。

相反，我只有三个"锦囊"：

1. 我们要努力客观，避免以自我为中心，这会给自己和他人带来困扰。换句话说，别把你自己太当回事儿。

2. 时间具备强大的力量，它可以抚平很多事情，它也可以默默改变很多事情。万物皆有保质期，唯有时间永恒。说白了：天空飘来五个字——那都不是事。

3. 善良是一种自信。同理心比智商更重要！也就是说，别耍小聪明！求求你做个老实人吧！

本书中大大小小的分享，都离不开这三点。很多事情和原理也都是这三条定理的延伸。它们对应着：客观，从容，自信。你带着这三条 "箴言"，通过 4~8 小时可以读完整本书。

人生是一个不断失去的过程，是浪漫而悲壮的。

在这个抖音、快手、小程序称霸的时代，能与你相遇，并通过这本书分享与你共度的时光，是我的荣幸。

我愿做你的影子，陪你一起成长。

全 书 脑 图

客观 → 理解 → 包容 → 力量 → 善良

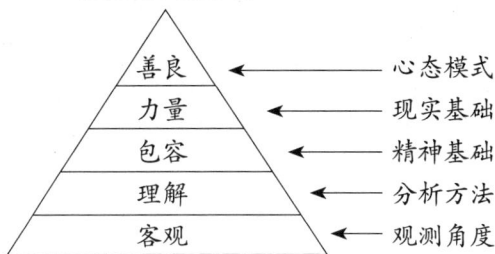

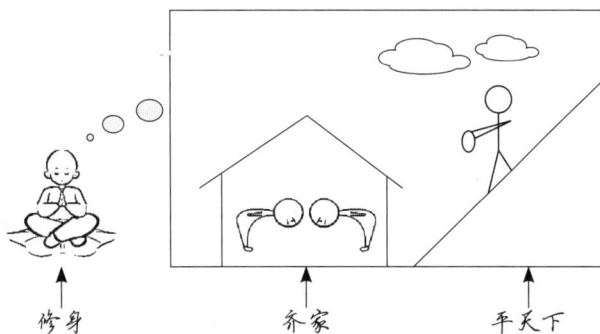

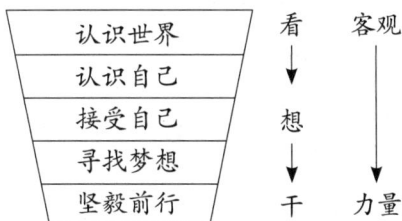

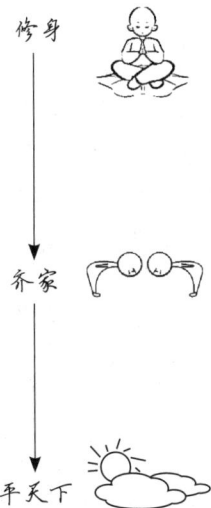

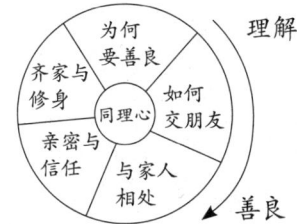

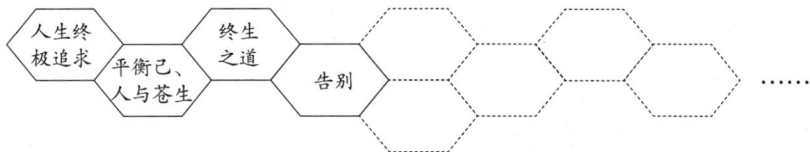

善良	← 心态模式
力量	← 现实基础
包容	← 精神基础
理解	← 分析方法
客观	← 观测角度

↑ 修身　　　　　↑ 齐家　　　　　↑ 平天下

修身

认识世界	看	客观
认识自己	↓	↓
接受自己	想	↓
寻找梦想	↓	↓
坚毅前行	干	力量

齐家

理解

为何要善良
齐家与修身
同理心
如何交朋友
亲密与信任
与家人相处

善良

平天下

人生终极追求　平衡己、人与苍生　终生之道　告别　……

目录

MULU

上卷 修身篇

写在"修身篇"前面的话

"修身篇"最重要的目的，是告诉你如何与自己"和解"。

生活的魅力在于，我们期待下一次的"盒子"能抽出好运气，也感恩于之前抽到的好运气。

生活的苦恼，是源于对"坏运气"的担心。

有些时候，我们应该与自己和解。生活中很多人对自己要求很高，认为这样就可以成为"人上人"。实际上，如果表面光鲜，内心却苦闷，负能量不断积累，朋友会越来越少，最终路越走越窄。

让我来讲一下当年哭笑不得的趣事，希望你明白，考上北大、年薪百万不是人生赢家，怡然自得、感恩生活馈赠给我们的"盒子"，才是人生赢家。

以后你再次觉得迷茫的时候，可以再次翻开这本书。不同于普通书籍，这本书有很多的互动，让你不是在读书，而是在读自己。

第 一 章

你是不是充话费送的？

——最简单的世界观

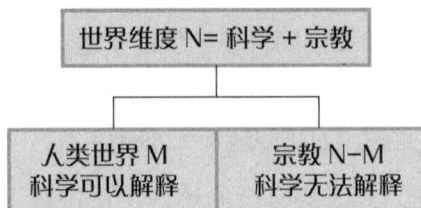

```
世界维度 N= 科学 + 宗教
        |
   ┌────┴────┐
人类世界 M        宗教 N-M
科学可以解释      科学无法解释
```

1. 世界的维度

目前世界观分为唯物主义、唯心主义两大流派，其中还会细分出16种世界观。这个事情，多少聪明人吵了几十年、上百年，也没说服对方。咱们不碰这个，感兴趣可以去网上查，非常齐全。

我们先讲一下世界观是什么。

每个人多多少少都有自己的世界观，我们求同存异，只浅谈一下，为后面我们"保持客观"和"理解时间的力量"做一个基础。而且，这本书不是线性结构，是三维体系，每一个概念都会贯穿始终，而概念之间又相互勾连，"世界观"这个概念也会在后面反复出现。

首先，世界是有维度的。不只是三维空间，加上时间、速度等其他变量之后，世界是超维度体系。我们把世界的维度，写成 N 维。N 可能很大，有可能是有限大，也可能是无限大。

所以，我们都处在一个 N 维的世界里。

2. 人类的 M 维

世界有世界的维度，人类也有人类的维度。人类是 M 维。

人类生活在世界之中，是世界的一部分。

人类不可能随心所欲地改造世界，目前我们相比宇宙还很弱小，所以 M 是严格小于、远远小于 N 的。

我们都在自己的 M 维度里面。因果联系，我们都很清楚。比如你打了别人，别人会揍你。再比如你善待别人，别人可能很开心。

每个人了解的维度也不一样，所以我们说的 M 维度是全人类的维度。但是，比如我不如昆虫学家懂得多，所以其实我个人知道的维度更小。因此，说白了，我相比全人类，我就是个弟弟。我相比全宇宙，我就是个小弟弟。

但是超越 M 维度的事情，我们就不知道了。比如蝴蝶效应，就是很难解释的事情。可能因为你今天在这边多放了一个屁，经过一系列不为人知的因果传导，明天美国大豆就大丰收。这就是属于 N-M 维度之中的事情了。

科学为什么能被广泛接受，是因为它可以帮助人们相对有效地改变世界。它仅仅依靠事实说话，也就是说是基于目前的 M 维世界，不断向外探求，压缩未知领域 N-M 维的空间。在人类已知领域 M 维中，很多传导逻辑我们是清楚的，可以相对有效地改造世界。

但是无论科学如何进步，M 如何扩展，可能都很难在短时间内接近 N，甚至可能永远无法达到 N。这个时候，很多人想到了一个方法——讲故事。这就是我们看到的宗教，这个"故事"一般都在人类的知识盲区，也就是 N-M 的维度里。比如古时候人们觉得天上有玉皇大帝，现在人们能飞上天了，知道天上没有。但是现在又会出现其他奇葩的故事，反正你没法去证伪，因为在 N-M 这个法外之地，可以自由发挥。

这里想强调的是，目前任何书籍、任何方法、任何现象，都是我们在有限的 M 维中看到的样子，都是有局限和偏见的。所以对任何事情，都应该保持开放性的思维和批判性的思维。对任何事情不要太过自信，即使你做对每一步，你可能仍然离真相还很远。

保持好奇，懂得敬畏。

第 二 章

和自己喝杯咖啡

——兑现你给自己的承诺

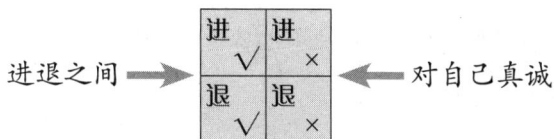

	进 √	进 ×
进退之间 →	退 √	退 × ← 对自己真诚

1. 人生百态，不过进退之间

人生百态，不过进退之间。

小时候，你可以努力学习，也可以不努力，然后被爸妈打一顿；你可以偷偷打游戏，也可以光明正大地打游戏，然后再被揍一顿。

长大了，看到女神，你可以选择默默喜欢，不去追求；也可以去大胆求爱，然后被拒绝，回去哭鼻子。

成年以后，老板骂你，你可以忍气吞声，然后升职加薪；也可以骂回去，然后就没有然后了。

所以，人生由无数个机会组成，你可以选择进，也可以选择退。

进得对，你是果敢；进得错，别人会说你是贪婪。退得对，你是智慧；退得错，别人会说你是恐惧。

请你看看下表所示的四种情况，以及四种趋利避害的方式：

	正确	错误
进	果敢	贪婪
	和自己做交易	建立负反馈
退	智慧	恐惧
	自控力	拖延症与"高压锅"

如果你不想父母打你，女神拒绝你，领导骂你，不妨往下看看。

2. 你不能拒绝 10 秒钟
——我们为什么关不掉抖音

该进则进，变成一个果敢的人。

鼓励自己勇敢争取是一件很难的事情，不是一句"奥利给"口号就能让你动力满满，这需要你善于和自己做交易。

你要善于像抖音吸引你一直看下去一样，自己牵着自己的鼻子走。

大家都看过抖音、快手，我曾经去字节跳动面试，所以也下载了抖音。和所有人一样，我在下载的第三天开始"中毒"，每天看到凌晨 3 点都停不下来。

其实我已经真的不想看了，但是我还是很好奇下一条是什么。我觉得我可以再看 10 秒钟，看完下一条视频我一定关手机。结果就是 3 个小时过去了，还停不下来。

无可争辩的是，抖音（也包括快手）是非常伟大的产品。这就是为什么字节跳动被寄予超过百度的希望，成为 BAT 三大巨头之一的 B。

人们常说，字节跳动的创始人张一鸣赌对了人性。绝大多数人会沉迷于即时满足。无论是北大清华，还是幸福屯小学。

我们为什么关不掉抖音？

因为它的一个视频只有 10 秒钟，它让你觉得：我再看一个，我保证能关掉，因为我只需要 10 秒钟就可以关掉。所以你会很轻易地打开抖音，结果沉迷三四个小时，刷出了两部电影的时长。因此，我自己的期末考试成绩也受到了一些影响。

它告诉你，你关掉它只花 1 秒钟。但是正是那些你觉得随时可以拒绝的东西，恰恰无法拒绝！

这个事情反过来也一样，你觉得你随时都可以轻易拥有的东西，其实你不曾拥有。比如健康、亲情、爱情、朋友、少年时光等等，寓言故事天天讲，不赘述。

我们如果像刷抖音一样学习工作，是不是就牛了？

学习工作中，我们可以把任务化整为零，减少难度。把一个大的任务，拆分成最小的单位。几分钟可以做一道题，几分钟可以背几个单词。同时，每一次做完一个小任务，都要做一个记录，比如在微信上给自己发一个记录和一句鼓励的话，告诉自己每一次小小任务的完成，都会是伟大的改变。

有一位在 MIT 的学长，曾经给我分享过他的学习方法。他每次想出去玩的时候，就强迫自己先学习 5 分钟，如果学完 5 分钟还想去玩，那就去玩。和我讲的这个方法几乎是一样的。

这个经验，还可以用在生活中的其他方面。比如我目前已经是一位国家职业健身教练了。我一开始也不喜欢健身，但是我只要求自己睡前做一个俯卧撑。久而久之，可以一次做 50 个了。我督促我父母锻炼也是一样，你不必一下养成一周 8 小时健身房的习惯，你可以每天睡前做一个俯卧撑。每天只需要 10 秒钟。

所以，把任务切碎，并且内心给予每个小任务很大的肯定（同样三分钟，人家打一局《皇室战争》或者《王者荣耀》，你背了 5 个单词，一里一外，你相对优秀了很多），你会心甘情愿地去完成原本很艰巨的任务。你不一定要严格按照我的方法，我只是一个参考。利用这个原理，你可以创造你自己的方法。基于这个理论，无论什么方法，久而久之，你的意志力和自控力都会得到锻炼。

3. 成功在于擅长撤退

——你打不着我，嘿嘿嘿

《三国杀》里面赵云说过：能进能退乃真正法器！

这被作为一个梗在鬼畜视频里面疯狂打擦边球。事实是，能进说明你勇敢，能退说明你智慧。敢于对诱惑说不，能够不再意气用事，是智慧。

老江湖与小屁孩的区别是什么？

小屁孩看穿了什么，一定要大声喊出来，向所有人证明自己特聪明，别人糊弄不了自己。

老江湖也看穿了什么，但是不说话。他知道大家都知道，所以不必说。

如何善于撤退？你要告诉自己，前面没什么了。

我在生活中发现了一个有趣的例子——喝汤加牛肉粒的故事。

我去海底捞吃火锅，经常喜欢点番茄锅。红彤彤的番茄锅，隔着半米都有酸酸甜甜的气息。所以服务员每次都会给你先盛一碗汤，再涮肉。

盛汤的时候，服务员会问你，要不要加点儿牛肉粒？

我问，加牛肉粒要钱吗？

服务员，不要钱的先生。

我回答，那当然给我加上！多加点儿。

但是我现在去海底捞的时候，坚决不加牛肉粒了。

为什么？

因为有一次我发现，那个牛肉粒就是小料台上取之不尽的免费牛肉粒，当然不要钱了。所以，我再也不想加那个牛肉粒了。

好了，我估计你肯定在笑话我。所以，不许笑！这个现象告诉我，当你发现你追求的东西满大街都是的时候，你就没有兴趣了。

这也告诉我，如何从游戏中抽身，如何从一段让你不舒服的感情中抽身，如何从失眠的困扰中抽身。

你要意识到，你一直较劲、纠结的东西，其实在某种情况下，一文不值！

比如打游戏，有人觉得自己可以当主播或者职业电竞。你去看看主播和电竞选手的采访，那是需要幽默感或者游戏天赋的，比考北大还难。

还有失眠，其实失眠的初期，往往是因为你大脑特别活跃。你在白天受了委屈，或者有什么还没有完成的事情，晚上在床上你的大脑会一直自言自语，纠结这个事情。第二天起来，追悔莫及。因为你很困，那个时候你觉得能多睡一会儿太幸福了。相比之下，那些你昨天晚上纠结的鸡毛蒜皮的事情都是屁。所以你下次上床前再纠结，你就告诉自己，这就是个屁大的事，多一个少一个，无所谓。

还是那句话，成功的人都擅长撤退——你打不着我，嘿嘿嘿。

4. 负反馈
——成长路上的 GPS

说完了正确的进与退，还有错误的进与退。

人有两个敌人——贪婪与恐惧。贪婪让你错误地伸手，而恐惧令你不断地退缩。

防止错误的伸手，就需要负反馈的建立。

我把它称为，成长路上的 GPS。

换句话说，如果你天生没有负反馈，那么灭亡就会是你的负反馈！

举个简单的例子，有的人天生痛觉神经不敏感，其他地方非常健康。你可能觉得这是一个很帅、很牛的技能。不怕疼还不好吗？但是这样的人，夭折概率极大，一生都很痛苦。

先天性疼痛不敏感（Congenital insensitivity to pain，CIP），是一组先天性疾病，严重的患者可能身体严重受伤（尤其是内出血）却不会感到疼痛，导致发生生命危险。

另一个我自己身边的例子——熬夜修仙的故事。

我上本科的时候，舍友喜欢熬夜。慢慢地，我也喜欢熬夜了。尤其是大四的时候，那是放飞自我的一年。我经常熬夜打游戏或者看 B站，刷剧。

一开始我晚上 1 点钟睡觉，我觉得很晚了。

后来晚上 1 点已经不能满足我了，于是就 2 点钟。

后来，凌晨 3 点。

随着底线被一次次突破，我获得了通宵技能。

虽然这个技能让我在商赛的时候倍感轻松——因为决赛时三天两夜的封闭式比赛，几乎不能睡觉。其他人都困蒙了，但是咱神采奕奕。两个通宵算什么？咱可是"清虚大修士"。

但是你懂得，坏习惯还是坏习惯。认真地说，通宵娱乐对我伤害最大的不是身体，而是第二天我极度的自责。久而久之，自尊水平会下降，变成一个自甘堕落的"坏孩子"。

你该关电脑的时候不关电脑，就是你还想得到更多。抖音上下一个段子是什么，你贪婪地看了一个又一个。早上起来的时候，你的床是席梦思；晚上睡觉的时候，你看它像土炕，你就是不愿意上床。

后来我是如何戒掉熬夜的呢？我开始和自己做交易。

我每天晚上 12 点忙完事情，打开电脑的时候，我会觉得全世界都是我的，我好想在忙完一天之后爽一下。但是夜晚是没有负反馈的，没有人会告诉你时间，你一个人会无限地放纵下去。当我意识到这个问题之后，我开始尝试建立夜晚玩游戏的负反馈。

通常我晚上会从 1 点玩到 2 点，每天一个小时。经常会没控制好，来个通宵。

之后我调整了时间，我 6 点起床，玩到 8 点。我规定自己可以玩两个小时。这对爱玩的我来说，是无比划算的。所以我瞬间同意了。而且我对自己很真诚，说话算数。晚上不玩了，早睡早起，6 点起来可以玩得时间更长一点。8 点之后要上课，想多玩也没办法。

到现在，我一般早上起来会去宿舍楼下健身房健健身。因为早上起来玩游戏没有氛围，有时候即使玩一下，也是可以的，反正 8 点要上课，成本是可控的，很少出现不小心直接通宵的情况了。

你要懂得和自己做交易，诸如熬夜、吃太多、手机控等等困扰你的习惯，把它们放进负反馈的笼子里。你不一定要照搬我的方法，一定早起才能刷剧，玩游戏。但是你可以用和朋友对赌，求助父母等其他方式，来建立负反馈，帮助自己克服人性的小贪婪。

永远要记住，如果你没有负反馈，那灭亡就是你的负反馈。

5.克服恐惧

——松开自己的高压锅

人，都是被自己吓死的。

世界上没有真正能令你恐惧的东西。

除了高喊"奥利给"，你要意识到，你所有的恐惧，都来源于自己。

我曾因为一件事非常苦恼，也和身边的人天天纠结这个事情，把别人都快烦死了。后来有一个朋友和我讲："不是谁，也不是什么事情在找你的麻烦，是你自己和自己过不去。"

佛教也天天告诉大家，你把一切都放下了，你就能把一切都拿起来。这是非常有道理的。

但是很多时候，大师自己没摊上事，他说起来当然是站着说话不腰疼。而且很多宗教或者家教，一定要你原谅或者放下。这是很强迫的。每个人都有自由，你没摊上事，你光说人家"不能放下"，没有修成大道。这个时候，大家都想说一句："你可拉倒吧！"

我不是大师，我"坐着"和你讲，和大家分享一个我成功自我解压的故事。

还是说说熬夜修仙的事情。

就我自己的观测，每到凌晨 3 点，我其实已经非常困了。我觉得如果我多看一个视频，还能开心一会儿。但是我如果上床睡觉，我就要立马接受我今天又熬夜到 3 点的"事实"。我其实不想看视频了，但是我不敢面对现实，所以我还是不想上床。

第二件事，就是我压力大的时候，喜欢暴饮暴食。但是作为一个健身教练，我如果体型走样了，小姐姐们可能就不喜欢我了（这和我是不是健身教练好像没有关系）。想到这里我压力更大了，所以我回头和服务员讲："您好，麻烦再来两盘烤五花肉。"

第三件事，就是大家都有的拖—延—症！

拖延症的本质，是一种畏难情绪——这件事让你觉得你"太难了"，所以你希望往后拖。TED上曾经有一个演讲讲拖延症，讲得非常好。你身体里面有一个贪玩的猴子，一直让你晃悠，直到逼近DDL（最后期限），你的"惊恐之怪"才觉醒，才帮助你好好努力。

因为这个事情，我和清华的心理咨询老师聊过。我说，老师我觉得自己这样太不好了，我觉得熬夜、暴饮暴食、拖延症很不OK。让我惊讶的是，老师竟然鼓励我这样做。她说我做事情把目标定得太高，对自己和对别人要求都高，这样反而会报复性熬夜，报复性暴食，报复性拖延。

后来我不再这样强迫自己了，我允许自己熬夜，多吃，拖延。反而，这些问题虽然还在，但是已经不能困扰我了。

我把这个现象取名为"高压锅"理论。

欲望宜疏不宜堵。"存天理去人欲"的想法是单纯而可爱的，那是懒惰和幼稚的管理者给出的管理方法。当你有了某些欲望的时候，你要赞同它，你要去想办法满足它，它才会和你和解。否则，就会像高压锅一样，迟早有爆发的一天。这个理论同样适用于教育子女，这在本书的第二部分"齐家篇"中会提到，"修身篇"针对个人，就讲到这里。

所以我们要懂得和自己和解，给自己的高压锅放放气，才能更加健康和强大。

最后再讲一下拖延症。对于有 DDL 的拖延症，一般不是问题。聪明机灵的我们，万花丛中过，片叶不沾身，DDL 总是压不垮我们。一顿操作猛如虎，闪展腾挪间，DDL 的闸刀被你躲过。

但是你有没有想过，这些有 DDL 的事情，我们可以"狗急跳墙"地做完。那些没有 DDL 的事情呢？那些没有 DDL 的任务，往往就是你的梦想，而这些梦想往往会成为你人生的遗憾。你想去学滑雪，你想去陪爸妈旅游，你想去学学烹饪，你想去健身房改善体型。结果你有各种借口，你害怕滑雪摔跤，你工作忙没时间陪父母，你觉得叫外卖可以不用学烹饪，你觉得买了健身卡就等于买了好体型。

最后，人家滑雪单板大回旋的时候，你摔得狗啃屎；子欲养而亲不在；你成为了美团的超级会员；你肥胖的身体已经不足以支撑你从家走到健身房了。

包括，我一直想把这本书写出来，哪怕卖出了两本，就我爸和我妈买了，又怎么样？这是我的小心愿，我希望和世界碰撞的时候，可以一定程度地改变世界的轨迹，我希望可以让更多人变得更好。哪怕没人看，这也是我给自己的一个记录。我要让它出版，这是我对我自己的承诺。

所以，朋友们，你们有没有什么梦想，请写到这本书扉页后的框框里。写一个就好，之后你走到哪儿都带着它。直到有一天，你完成了你的这个梦想。

请你履行对自己的诺言！

6. 对自己要真诚

——别骗你自己了!

前面的五个小节中很重要的两点就是,学会和自己做交易,履行对你自己的承诺。

比如我晚上不玩游戏,我早上玩,我就真的允许我早上玩,而且晚上真的不玩。比如我原谅自己拖延,即使我作业扣分了,也没关系,我和自己商量好了。比如我的父母期末考试前来学校看我,我因为陪他们而少复习了三个小时,扣了两分,我认了,我觉得值得。包括你对自己的梦想,对自己的计划,你要认真对待。

如果你对自己都不真诚,出尔反尔,你又怎么和别人相处?面子上你对别人守信,但是本质上你还是投机倒把。所以这很重要,你要对自己真诚!

不要打破对自己的诺言。

第三章

拍拍屁股上的灰尘

——人人都有的坏习惯

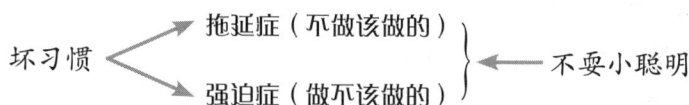

坏习惯 〈 拖延症（不做该做的）
　　　　 强迫症（做不该做的） 〉 ←—— 不要小聪明

1. 我才不看《海绵宝宝》呢

——小心你的坏习惯

初三的时候，有一次期末考试我考了第一，班主任老师送了我一本书——《优秀是一种习惯》。

这本书的封面上还有老师的赠言，希望我养成优秀的习惯。

我非常喜欢这本书，尤其是上面还有老师的寄语。所以我一直没舍得看它，我真的不是偷懒没时间看。

虽然书我没看，但是这个题目"优秀是一种习惯"，我深以为然。因为习惯是有力量的，它就像催化剂可以降低反应所需活化能一样，可以让你无意之间抵抗很多诱惑，避开很多风险，让你以更低的成本，更容易地获得想要的结果。

世界上本没有路，走的人多了便成了路。——鲁迅
你本没有好习惯，做得多了便成了好习惯。——流口水儿（作者）

"习惯"就像一条快速通道，一条机场快轨一样。你习惯早起，你习惯锻炼，你习惯对酒精过敏，你习惯读读书，你习惯坐在第一排。无数个习惯组成了你的行为。同时你也可能习惯晚睡打会儿游戏，你习惯对别人大声说话，你习惯上课睡觉。这也构成了你的行为。

习惯连接了你的主观刻意的改变，和你的性格与人生。

你的刻意久了，会变成习惯；

你的习惯久了，会变成性格；

你的性格久了，变成你的人生。

所以，习惯很重要。

为什么我把改掉坏习惯排在养成好习惯前面？

因为养成一个坏习惯，比养成一个好习惯要容易得多。

人们常说，连续 21 天可以养成一个好习惯。这个真实性，我们下一小节再讨论。

但是人们也常说，连续两天的放弃，可以养成一个坏习惯。双手赞成。

这样的例子有很多。

就拿之前的早睡举例子。有一次我已经连续早睡 12 天左右，但

是一天晚上，我确实有正事要忙，所以我在咖啡厅做完事情才回宿舍。（不能在宿舍，否则会打游戏、看 B 站。）

我想，完了，这次凌晨 1 点了，明天一定早睡。结果第二天，部门里面组织大家吃饭，之后打"剧本杀"。"剧本杀"和"狼人杀"都是群体的多人游戏，我根本走不开。回去又是凌晨 1 点，而第二天的凌晨 1 点，我的罪恶感少了很多，我看 B 站看到凌晨 2 点才睡觉。

之后你懂得，第三天之后，我早就忘了自己姓什么了。早睡是什么？我什么时候说我要早睡了？前两天凌晨 2 点不是也很开心吗？

所以，我的"早睡实验"因为连续两次不同理由的打断，而彻底泡汤了。

健身也是一样，我一般隔天会去一次健身房。一周维持在 3~4 次，如果碰上忙的时候，哪怕做 50 个俯卧撑也行。但是万一哪天有事真的没有去，我能够清楚地感觉到，这个习惯被打断，"通道"遭到一定程度的破坏。如果这周有期末考试，连续两次没去锻炼，我就觉得自己又胖又弱，非常不情愿去健身房了。这就是为什么说连续两次放弃，是一个坏习惯的开端。

什么是坏习惯？当一个好习惯被破坏的时候，与此同时，一个坏习惯诞生了。

坏习惯出现，让你短期很爽，但是长期会自食苦果。

比如，你的父母每天下班回家会根据电脑或者电视的温度，来判断你 4 点放学回家，有没有偷偷玩。以前你有一个好习惯，就是提前半个小时关掉，来充分散热避开检查。

但是渐渐地，父母懒得检查。而敏锐的你，发现了这个改变。于是你开始放纵自己，可能提前 20 分钟关掉电视，后来变成 10 分钟，1

分钟。这确实让你短期很爽，因为你有效地延长了自己的娱乐时间。

但是终于有一天，你妈检查了电视，发现你都已经高三快高考了，还偷偷看《海绵宝宝》。一顿批评不可避免，从此毕业前家里没了电视。这就是刚刚说的，长期上要倒霉。

没错，这个人就是我。我写这个不是为了让更多人嘲笑我，所以给点面子，别再笑了。我是希望告诉你，即使做"坏事"，也要拒绝"坏习惯"，坚守提前关电视的"规范操作"很重要，否则你甚至不配看《海绵宝宝》。你细品吧。

坏习惯是说不完的。比如抽烟、喝酒、赌博、熬夜、高考前看《海绵宝宝》，等等。后面的两节，我会介绍两种典型的坏习惯：拖延症与强迫症。一个是"该做的不做——拖延症"，另一个是"做不该做的——强迫症"。最后要讲的是，所有坏习惯的根源都是耍小聪明。如何拒绝耍小聪明的习惯，在最后一小节会提到。

2. 我明天一定开始！欸，真香
——拖延症

我就休息一天，明天一定开始！

三天过去了……"欸，真香"。

我把拖延症称为"真香症"。有些人疯起来，自己打自己；有些人拖起来，自己香自己。

拖延症，最甜美的毒药。

你可以没有女朋友，但是你一定有拖延症。

论文明天再写？好，一定一定，明天再写。爽到！

复习后天再开始呗？行，一定一定，后天再开始。爽到！

看 B 站一会儿再睡？得嘞，一定一定，一会儿再睡。哇，再次爽到！

喜欢拖延的人，都是聪明人。99% 的人都有拖延症，所以其实 99% 的人都是聪明人。下面会给出一个深入浅出的学术证明。你可以告诉催你写作业的爸爸妈妈，拖延的本质是"资源的跨期配置"，在社会活动中具备深远意义。要深刻理解什么是"跨期配置"可以去百度一下。不要干预咱的作业进度，不要伸出看得见的手，应该让市场在资源配置中起决定性作用。

但是咱们关起门来说，拖延症还得治。

关于拖延症（真香症，"一定一定"症），我在之前的《和自己喝杯咖啡》中有细致讲过。这里只讲拖延症的聪明之处，以及如何看待拖延症。

拖延症是可以让每个人"爽度"最大化的决策行为。有拖延症的人其实都是潜在的金融人才。

下面例子来了——真香症背后的资源跨期配置。

首先，假设流口水儿同学要写一个课程大作业，DDL 在五天后，可这个任务流口水儿同学如果高效保质做的话，只需要一天时间就可以完成，那么他现在有 PlanA 与 PlanB：

PlanA 是前四天休息，最后一天做——真香症晚期。

PlanB 是第一天做，后四天休息——别人家的孩子。

	Day1	Day2	Day3	Day4	Day5
方案A	☺	☺	☺	☺	☹
方案B	☹	☺	☺	☺	☺

笑脸代表"爽到"

哭脸代表"太'南'了"

$$NPV_A = \sum_{m=0}^{3} \frac{☺}{1.1^m} + \frac{☹}{1.1^4}$$

$$NPV_B = \frac{☹}{1.1} + \sum_{n=1}^{4} \frac{☺}{1.1^n}$$

因为 ☺ >0 ☹ <0

所以 $\sum_{m=0}^{3} \frac{☺}{1.1^m} > \sum_{n=1}^{4} \frac{☺}{1.1^n}$

所以 $\sum_{m=0}^{3} \frac{☺}{1.1^m} + \frac{☹}{1.1^4} > \frac{☹}{1.1} + \sum_{n=1}^{4} \frac{☺}{1.1^n}$

所以 $NPV_A > NPV_B$

一顿操作猛如虎后，我们发现："别人家的孩子"是傻子。

中间三天一样，区别在于第一天和最后一天。由于远期的效应贴现到今天会有一定的折价。所以，PlanA 的"爽度"折现后净现值高于 PlanB。显然是最后一天工作最合适。上面的公式你可以不看，只需要记住："别人家的孩子"真是傻子。

这是非常有道理的，比如万一火星撞地球，你最后一天就不用工作了。很严肃地说，这个微小的概率，解释了为什么我们希望当下可以得到兑付。

因此，把娱乐的四天放在前面，把最后一天用来工作，是"爽度"最大的策略。

所以拖延有两点好处。在每个拖无可拖的最后一天，对着之前拖沓的任务一顿疯狂输出，发现高效率的工作很快就完成了。不仅如此，偶尔还会有意外的惊喜。比如，拖了好几天的作业，老师却因为某些原因把作业取消了；忘记准备礼物的约会前夕，天降暴雨导致约会取消。

但是，看似聪明的策略，是存在风险的。常在河边站，哪有不湿鞋？同为老司机，谁会不翻车？这样的短期受益、长期有害的策略，只是一种"小聪明"。

所以你要学会做一个"老实人"。

本科的课程繁多，DDL 和提交要求都各有不同，如果一直拖延，到后期真的可能会忘记提交期末大作业或者忘了一场考试。即便如此，能赶早不赶晚的同学还是很少。

但是我有一个朋友就是这样一个"老实人"，无论老师布置什么任务，他总会第一时间完成。大家有不会的问题，也都会请教他。

因为大学课题上的作业是老师自己设计的，有时候可能会有各种问题，超纲或者调整。所以第一个吃螃蟹的人，写作业会浪费很多时间。因此，我们一帮"聪明人"就跟在他后面，等他写作业。我们遇到不会的直接问他，就可以迅速解决问题。

我和他也是很好的朋友，我曾经向他请教过这个问题。为什么要第一个吃螃蟹？他说，习惯了，可能有点强迫症，看到有作业就想先做完。

你看看，这就是差别，咱们把强迫症用在反复检查是不是锁门上，人家把强迫症用在对抗拖延症上。

看似他浪费了时间，降低了效率，但是其实我每次找他讨论问题，他都在玩《王者荣耀》。每次我考前才开始着急通宵复习，人家已经早早复习完，看了一集《老友记》上床睡觉了。人家最后成绩也是名列前茅。

自己钻研过的东西，复习起来也轻松。自己追求速度写的豆腐渣作业，期末考试会教你做人。

小心你的小聪明。

3. 去抱抱那只黑天鹅吧

——强迫症

拖延症的人有自己的小聪明，强迫症的人，其实也有自己的小心机。

强迫症的人明明知道自己的重复性行为很多余，但是他们就是无法停下来。他们不允许自己出现失误，他们知道自己的判断有问题，但就是不改。

为什么不改？其实他们内心深处是放任自己不切实际的"严格要求"的，放任自己反复做那些不该做的事情。强迫症的人往往害怕错误，他们通过强迫症的方式"甩锅"。如果我出错了，不是我不好，是我还不够"强迫"。他们不敢接受一个不算很严重的后果，用强迫症的方式来逃避。

我有一个老师，每次下课我都和他讨论问题。我会在第一排等他，收拾好再一起走。虽然我和他关系很好，但是我还是要说，他就有很明显的强迫症，他特别害怕落下东西。所以要反复看，反复找。我尝试劝过他，但毕竟是长辈，我没法说太多。我能看出来，他是一个很害怕出错的人。这不一定是坏事，就看强迫症有没有对你的生活造成困扰。

高三和大一的时候，我曾经也有很严重的强迫症，也因此在北大去咨询过老师。

我当时特别重视成绩，所以希望自己在考试中不要犯低级失误。尤其是我还算擅长的数学、物理考试，每次第一题会用掉考试一半的时间。其实我早做完了，但是第一题往往简单，我害怕因为自己粗心做错。所以就反复计算，反复检查。直到剩下的时间已经不足以做完整张试卷，我还在第一题停留，吓出一身汗。然后才能正常做题。

尤其是高中的时候，数学第一题往往是"1+3 和 8 哪个大"或者"2 的倒数是什么"，我就头很大。明明很简单的事情，因为它占 5 分，我就不会思考了。一秒钟选出答案，然后反复检查。

心理咨询老师给出的建议是，简单的题做 5 ~ 10 分钟，做完后说服自己最后再检查，毕竟做完所有题之后都会有比较充裕的时间。我用了这个方法。大一之后，我的强迫症就好了很多。把你喜欢强迫自己做的事情"放一放"，相当于用拖延症去对抗强迫症。这个平衡点掌握在你不再马虎也不再较真即可。

如果你喜欢疯狂检查第一题，那你可以拖延一下，最后再检查，相信自己不会真错的。

如果你喜欢反复检查锁门，不妨放一放，告诉自己小偷也有拖延症，等你回来之前，他可能懒得进你家门。

如果你喜欢一定第一时间去把可能存在问题的作业搞明白，你可以正好拖延一会儿。前文介绍的那个优秀又踏实的朋友，他遇到明显有问题的任务，从来不死磕。

我们要学会利用拖延症来缓解强迫症。强迫症很有可能是大脑为了避免拖延，而进化出的异常策略。

然后我们来分析一下，强迫症通常防范的黑天鹅事件。通常发生概率只有不到 1/N 的可能性，就是黑天鹅事件（发生概率低，破坏性大的事件）。虽然可能性很低，比如数学第一题做错，丢东西，忘记锁门。你不可能天天错数学第一题，除非你很扛揍；你不可能天天丢东西，除非你很有钱；你也不可能每天忘记锁门，除非你真的很有钱。但不可否认的是，一旦发生，这很令人沮丧，这些都是黑天鹅事件。

强迫症的人，非常害怕黑天鹅事件。他们觉得错一道题，丢一个东西，造成的后果是负无穷，他们不能原谅自己的错误。即使 1/N 的概率已经很低了，乘以负无穷还是负无穷。不敢面对黑天鹅事件怎么办？甩给强迫症，这样的逃避可以有效减轻心理负担。这是聪明但是错误的做法。

在煮饭的时候，水沸腾顶起锅盖怎么办？赶紧关火是吧？有人会去故意按住锅盖等着炸锅吗？强迫症就是按锅盖。所以我们不要做高压锅，要懂得松松气。还是要正视问题，接受世界的不确定性。从 99 分做到 100 分成本是很高的。适当放松，接受自己是一个会出现失误的人。

强迫症是长错了地方的自控力，有强迫症的人往往更容易有所成就，但每时每刻都紧绷着，幸福感也会偏低。

正因为黑天鹅事件的存在，我们才会更加力求完美。所以我们要学会真的去感激可能发生的黑天鹅事件。

这么多年来，我一直有一个习惯就是锻炼身体。就像前面说的，哪怕每天偷偷做一个俯卧撑也可以。你说为什么，我健身四五年了，和人家健身一年的差不多？可能因为我经常落魄到没时间训练，而只能做一个俯卧撑。大家不要笑。

但不管怎么说，我小学六年级的时候，是腰围二尺六的小胖子。现在，我是一名具有资格证的国家职业健身教练。虽然我做不了人体旗帜、俄式挺身等街头健身神技，但是我仍然在坚持。

我锻炼身体一开始是希望有一个好体型，可以更有魅力——但我发现人丑还是多读书，身材都是给自己看的多一点。

后来，我希望挑战更快的速度和更大的重量，但是有一次训练受伤，我发现我不是凭这个吃饭，我为什么要弄一身伤给自己折寿？

最后，我为了坚持而坚持。

这是我这些年来，唯一坚持的事情，我换过很多地方，去过十几家健身房，请过十几个私教，自己也是一名教练，我不能卧推100公斤，但是我每天还去锻炼。

如果我放弃，我就放弃了我唯一坚持的东西。

未来要读书，要工作，要有家庭，放弃一个习惯太容易了。

但是如果我放弃了，黑天鹅就出现了。

它对我来讲，就是一块人生的根据地。当未来我遇到任何困难，我告诉自己我是一个有韧性的人。我可以为一件事坚持五年，十年，二十年。在这样的坚持下，没有什么困难不能被克服。我人生的根据地也慢慢变成了我的制高点。

正因为黑天鹅的存在，我每天都在小心，告诉自己一切来之不易。

去抱抱那只黑天鹅吧，有它在，我们很幸福。

4. 那些年做过的眼保健操

——别耍小聪明！

从小学到高中，12 年我忘了很多事情，唯一没忘记的是，老师天天监督我们按揉太阳穴，同时脚趾抓地。我当时喜欢耍小聪明，有一次老师提醒我"专时专用"，我当场辩解道，虽然我在写作业，但是我脚趾抓地了。全班哄堂大笑。于是下一秒，就在我为自己的"聪明才智"沾沾自喜时，我被安排去教室后面罚站。

此外，我还记得，总有几个同学每次都会认真地做眼保健操。这些同学后来无论考上哪个学校，出路怎么样，每次聚会我能看得出他们过得都很幸福。

我为什么知道班里谁在认真做眼保健操？因为我做眼保健操喜欢睁着眼睛做。

但是如今想来，就是朱自清的那一句反讽"我当时太聪明了"。虽然很多人觉得眼保健操没用，但其实，认真做眼保健操是一种生活态度，是你对待你眼睛的态度。你连这十分钟的时间都不愿意浪费，你能多爱惜的你眼睛？你大概率会晚上偷偷在被窝里看手机，疯狂毁眼睛。我当年就是，现在悔之晚矣。

高考后毕业了，我最开心的就是终于没有广播再一遍一遍地放那无聊的"眼保健操开始"了。但是有一次我偶尔回学校，碰巧眼保健操的广播响起，思绪万千，无数画面浮现眼前，后悔当年的不认真。相比之下，那些当年每次都认真闭眼做眼保健操的同学，如果碰巧听到眼保健操的音乐，会有不同反应吧。——我想他们可能会条件反射地眼前一黑吧。

还有两件当年的小事，想分享给大家。

一件是初一时上体育课。我跑步在班里算中游水平，但是我每次体育课都特别认真。我们学校操场很小，150 米一圈。150 米的跑道虽然可能让你在测 1000 米的时候转晕，以及如果跑太快可能会产生巨大的离心力，但也有它的优势，就是跑起来很有成就感，过了三圈队伍就会跑散开，我就会努力多跑一圈。这是很容易完成的，就像我们前面提到把任务化整为零一样，当跑一圈很容易的时候，我就很愿意多跑一圈。

相比之下，有很多同学耍小聪明，偷偷躲到厕所里面，能少跑一圈是一圈。我们里外里差了两圈，300 米的距离。

那时候，我们还没有体育中考的概念。但就是每次课这 300 米的差距，很多当时不认真跑步的同学，在初三复习之际，付出了更多时间和代价去提高体育成绩，而且效果也不好。我除了体育课，从来不会去多跑步，只是认认真真跑完体育课的量，体育中考时 1000 米用了 3 分钟多几秒。朋友叫我"小体特"，说白了就是比上不足比下有余。

这件事情让我真的意识到，踏踏实实地做事情，是最省力也是最聪明的一种策略。

另一件事，也是影响我一生的事情，是当时高中班主任老师训话我们的值日问题。

我高中的时候，有幸在学校的竞赛班，号称"第一理科实验班"。我们班的同学智商都很高，如果没有因为我倔强地拉低了平均水平，我们班平均智商绝对不输当年北京的任何一个班级。我们班超过 80% 的同学最后都考取了清华、北大，或海外顶尖学校。

然而这样一个班，是很难带的，比一个班的地痞流氓还难带。有的人擅长学习还好，有的人是国家二级运动员也还好，但是有的人是计算机大牛，有的人能在十分钟内配出烈性炸药。所以"左手画条龙，右手画彩虹"什么的，那都是靠边站的。

当时我们班做值日，大家高一高二还认真做，但是高三就比较忙了，心态也比较焦虑，所以值日的质量肉眼可见地下降。班主任老师当然也长了一双眼睛，他也能看见。

于是有一天，他停掉了班里的值日。在晚自习的时候，他当着大家的面亲自一个人把教室清理了一遍。晚自习下了之后，教室焕然一新，大家也眼前一亮。

老师叫住所有同学说，你们看咱们班有什么变化。

大家说，变得特别干净。

老师说，我一个人用了 20 分钟，就打扫完了。你们每天四个人值日，也就每人 5 分钟，两周才轮一次值日。如果你们认认真真清扫，也可以这样。

大家沉默。

老师说，其实你们都不差这 5 分钟的时间。有的人一看别人没有好好做值日，自己心里不平衡，也不好好做了。我特别理解，但是你连值日都做不好，你以为你考试考得好吗？

我本以为这是一场"一屋不扫何以扫天下"的说教，正要继续看书，老师又说，你们知道你们对待值日的态度，反映了你们的心态吗？当你们一切图快，开始偷懒的时候，内心已经非常浮躁了。以这样的心态做题，很难有进步。如果你不急不躁地把黑板擦干净，再去安安静静地做题，又是另一番效果。

这是真人真事，老师的话，我深以为然。

　　不要耍小聪明，多少前辈天天在说，但是很多人不听，为什么？
因为他们没有弄清楚为什么不能耍小聪明。

　　抖机灵还是老老实实，直接反映出你的心境，这种心境直接反映
在你行为的方方面面。

　　别耍小聪明，你会因此获益。

第四章

还记得那杯咖啡吗？

——养成第一个好习惯

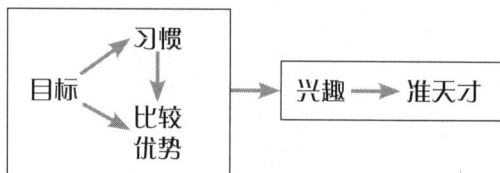

1. 人造"准天才"计划

——天分的背后

我真不是标题党，请你给我 5 分钟，读完这一小节！

我见过很多极其优秀的人，有全才有怪才，有学生有教授。

我不知道什么算天才，爱因斯坦算的话，特朗普算不算？奥巴马算的话，马云算不算？马化腾算的话，岳云鹏算不算？很多衡量标准是"不稳定"的，所以你很难讲什么是真正的天才。

这里讲"准天才"，是说你经过发掘和训练之后，可以释放本来隐藏的潜能。

我在大学之前，一直以为天才是天生的。上大学之后，我发现天才真的是天生的。

虽然我们 99.99% 的人没有生来就是天才，但是可以训练成清一色的"准天才"。

你看到平时成绩优秀、工作能力很强、人脉很广的同辈或者前辈，他们往往都不是天才，都是"准天才"。我们可以做到他们的水平，就足够了。

准天才的养成，需要巨量的时间投入，使得你首先非常熟悉这个领域，其次从认知到行为，很多"操作"你非常熟练，最后你可以触类旁通，在人类认知的 M 维度的边界，继续扩展。做到最后一步，你就可以被称为"准天才"了。

一定有人想，有没有捷径直接到最后一步，有没有捷径直接获得几个"小目标"。有人就是脑回路清奇，比如薛定谔，人家出了名的好色。传言他的世界里只有物理和高跟鞋，不和女朋友们待在一起就没有灵感。但人家可以脑洞大开，成为量子力学奠基者，1933 年诺贝尔奖获得者。恐怕我们大部分人，别说后一半，连前一半——先有个女朋友，都做不到。

除了开挂，还有一种方法，可以一蹴而就，一般人我不告诉他，你听好了：

投胎投得好。

怎么样，你学会了吗？如果你弄清楚了，请一定设法与我取得联系！

其实，在智力水平不低于平均水平的情况下，如果追求"准天才"水平，仅仅需要有意识的时间的投入即可造就。

我发现这个事情是高三的时候。

我属于非常偏科的同学。高考时语文一科扣的分，比其他五科加起来还多得多。

我理科比较好，语文、英语相对薄弱。高三一年，我除了数学课堂（学校和竞赛课外班）之外只做过 32 套试卷，就是前两三年北京各个城区一二模的数学卷子。两个小时做题，一小时判卷，一共三小时。32 套卷子，一共 96 小时。如果加上我偶尔因为低级失误，一生气把卷子扔飞，又灰溜溜过去捡起来的时间，再加 4 小时，总共大概 100 个小时。（没错，我不是扔得远，就是走得慢，让卷子再飞一会儿。）

虽然时间用得短，但是初中到高中六年来，我印象里只要是有排名的考试，数学的卷面得分率没有一次低于 90%，平均在 93% ~ 95% 左右。

物理情况类似，中考和高考中，我的物理科都没有扣一分。虽然课内比不上竞赛和自主招生的难度，但是两次最重要的考试都满分也是可以说明我的实力的。

你想想，如果六科每一科都如此，高考岂不是探囊取物。然而，上帝为我打开一扇窗（数学），就给我关上了两扇门（语文、英语）。没错，比正常人多一扇。我 80% 的时间用在语文和英语上，效果不好，投入产出比非常低。

我一直以为我肯定是没有天赋的，我就是一个偏科的孩子，我考上好大学的希望是很渺茫的。

直到有一天中午，我在公交车上思考数学问题，和我同行的好友

"大河马"讨论，忘乎所以，非常愉快。

下车到了吉野家吃午饭，我还拿出笔在餐巾纸上打草稿画图给他看，想证明我的新方法可以做出来。

他一路上已经被我打扰得疲惫不堪。但是由于我们俩的"塑料兄弟情"具有良好的耐腐蚀性，所以我没有注意到他的疲惫，继续热情高涨地和他讨论。

随后，他实在忍不住了，说："你能不能先吃完饭再说，吃饭的时间你省不了。不过话说，你要是学英语这么热情，早就考好了。哈哈哈。"

他随口一说，一语点醒梦中人。

我才意识到，我对英语的投入太少了。因为我对它，没有热情。数学课，课上一个小时我认真听讲，课下虽然不多做题，但是有很高的学习热情。坐车在思考，吃饭在思考，上厕所在思考，甚至真的做梦都在纠结昨天没有做出来的题目。看似一小时的课堂，后面是10小时的学习。相比之下，英语课内一小时，课外班一小时，看似一天两个小时，但是因为非常不感兴趣，上课能走个神都觉得自己占了便宜，折合下来一天有效时间一个小时。

语文也一样，我到现在都觉得，"高考语文"是这个世界上最难的东西，没有之一。

一天下来是一比十的关系，人家高中学三年，相当于你学了三十年。这还不算人家因为成绩优秀，学得快而取得的心理优势；以及可能产生的马太效应，即强者更强，弱者更弱。

明白这个是非常重要的，这下你应该可以推测，北大清华里面很多"妖怪"级别的大神们，人家学十年计算机，相当于我们学一百年了，也是情理之中的差距，不是人家开挂。

讲半天差距不重要，谁都能看见差距，重要的是看到差距的原因。——不是因为你傻，也不是因为他是别人家的小孩，就是因为你真正有效投入精力和时间不够，而且你还不自知，你自以为很努力了。

投入时间和精力不够，就会影响你的表现。当你在一个领域表现不好的时候，你就会缺乏自信，选择逃避，并且产生畏难情绪，进入下一个恶性循环。当你在第一步投入足够的时间和精力后，你的表现会变好，你会更有自信和兴趣继续努力来证明你自己，进入正反馈的自我加强阶段。

熟悉我的朋友都知道我特别偏科。但他们不了解的，是我小时候发生的一件小事。就是上学前班时，年终我们有期末考试，那是 18 年前的事情，我 6 岁。现在我仍然非常非常清楚地记得我语文考了 84 分，数学考了 86 分。我回去就和我爸妈讲了这个事情。我爸说，你这语文有点低，数学还可以，上优秀了（85 分优秀）。我当时完全没有概念，我只知道，我爸说了我数学还不错。

往后的日子里，我开始闹着报奥数课，和我爸讨论问题。我的数学也是由他领进门的，虽然上了小学五年级之后，我再去问他奥数题他就开始躲着我了。（你们不要急着嘲笑他，你们见过现在小学生的奥数题多么奇葩吗？）与此同时，我妈也在抓紧我的学习，让我提高效率。是的，她一般负责揍我。

后来因为数学还不错，所以物理等理科我一并觉得自己都应该很擅长。当你觉得自己应该很擅长的时候，你就真的很擅长了。后来我在北大上了毛老师的《心理学概论》，才知道，这被称为"自我实现"——你怎么想自己，你就会变成你所想的样子。

但我的语文，就走上了另一条路。你们也了解，情况就是这么个情况。

当时的两分之差，现在的天上地下。

像不像之前提到的蝴蝶效应：你今天多放个屁，明年美国大豆可能因此大丰收。

有的时候，我们给自己的一个轻微暗示，都可能造成之后人生巨大的不同。对于朋友、家人也是一样，如何与他人互动，会在"齐家篇"呈现，这里我们只讨论对自己的暗示效果。

投入精力，感兴趣，然后形成比较优势；有比较优势才能继续投入精力，更加感兴趣，当你熟悉了领域中的基础后，兴趣会自然而然地带你探寻未知领域，来扩展你认知的边界。之后，在这个领域全世界只有你最懂，你开始创造新的东西，帮助人类扩展 M 维度的边界，人们就会称你为"天才"。

所以无论是孩子还是爸爸妈妈，看到这本书后，请你们重新思考一下。（思考什么呢？）电视里那些过目不忘，耳听八方，四两拨千斤的嘉宾们算是有特异功能。那是人家的能力，你不一定要复制也能过得很好。有时候，记性太好的人往往不幸福，听得太清的人会觉得吵闹，手拿千斤的人常常用力过猛。适合你就最好。

我们不是天才，不是我们生得笨，或者小时候汽车尾气吸得多。我们也可以找到喜欢的领域，可以是任何方面。尝试着多投入，降低预期，看看自己的表现，给自己一个机会。

天分的背后，是比较优势，比较优势的背后是兴趣，兴趣的背后是肯定，肯定的背后是大力投入后的优良表现。而这一切的背后，都是你的梦想。

为什么我们讲 "天才" 和 "神童" 都和先天与童年相关，好像长大后就只谈城府和手腕。因为大人忙于生计，只有孩子才有梦想。"梦想" 恰如其名，可能不切实际，但是它最美好。

你不知道你擅长什么，没关系，你一定有一个梦想，是做科学家还是吉他手，都可以。现在闭上眼睛回忆一下，还记得在这本书扉页后面写下的梦想吗？现在，去翻看一下再回来，我们之后会用到它。

这一章会帮你走出扎扎实实的第一步——人造 "准天才" 计划。

2. 走得多了便成了路
——习惯的力量

五分钟前，我们刚刚讲了，"准天才" 是可以后天培养的。

这一章整个内容是连贯始终的，希望可以让你开始梦想的第一步。所以我介绍一下上一节主要讲过的段子，再加一些没讲过的段子。

首先，我智力水平是有限的 m 维，真正 "怪兽" 级别的天才水平远超我的认知极限（M>m 维）。所以我只告诉你 "准天才" 如何培养。

"准天才" 的能力，绝对是够用的，在任何方面。

"准天才" 的培养靠有效的时间投入。你的兴趣可以让你的投入变得有效。否则就会像我学英语一样，学两个小时相当于一个小时。而且兴趣会让你的投入从负反馈变成正反馈，不知不觉投入很多时间。比如我背《滕王阁序》，我真的身心俱疲，干咳乏力。但是我看见物理题，小球怎么碰撞或者电阻是多少，就真的忍不住想 "搓两把"。

兴趣非常重要，这个平时老师也天天强调，咱们不多说。

但是如何打造兴趣，往往老师很难讲清楚，因为每个人不一样。很多成功学和教育学的书籍介绍很多方法，主要是用心理学的方法，给自己积极暗示。但是假如你学习不好，你天天对着镜子说自己学习好，请问你自己信吗？可能有人会不擅长学习，但是没人是傻子。自己最难骗自己。

所以我想说的是，你的兴趣一定是你目前的或者潜在的比较优势。无论是你感兴趣跳舞、围棋、唱歌，还是数学竞赛，它们可以让你获得很高的成就感。你觉得在这个领域，你更容易被认可，所以你不知不觉就每天泡在里面。你以为你是轻轻松松，实际上你用了很多精力，形成良性循环，并且自我加强。这就是我们前面说的，优秀是一种习惯。

进入良性循环的自我加强轨道，最重要的是你迈出第一步。只要你在前期不被打断，后期真的变成了优势和兴趣，相当于积累了很大的势能，无人能挡。所以养成习惯很重要。

一旦养成了很好的习惯，你就可以用很低的成本接近目标，相当于别人从遥远的市区打车去机场，你坐机场快轨，又快又便宜。

养成习惯，可以让你持续地在你感兴趣的领域努力，并且主动去了解很多那些常人不去了解的信息。慢慢地，你会很擅长，然后就更加喜欢。厚积薄发，有一天这些习惯就是你完成梦想的螺丝钉。

举一个最真实的例子，你一听就知道我没有忽悠你：

出版这本书，是我最近三年的小心愿。

一开始有一个小想法，天天习惯去和朋友聊自己对很多事情的看法。当时的很多观点不成熟，我又很执拗。但是没关系，大家对我都很包容，我也有闪亮的地方，我们一起进步。

后来两年前，我希望我的书可以介绍一个体系。但是又不知道怎么设计，所以我就先习惯去把日常的所思所想进行记录，写成小观点存下。

最近的一年，我开始习惯去和朋友们讨论我逐渐完备的体系，也获得了朋友极大的支持和期待。

你们知道吗？

这本 10 万字左右的书，我是在 2020 年新冠肺炎疫情中 10 天内基本完成的。

为什么我写得这么快？因为在过去两三年的时间里，做足了方方面面的准备。

前面提到记录素材一般是：每次有灵感，碰到好玩的事情，我会习惯微信发给我自己，也会在电脑整理到 D 盘（D 盘可以防止电脑崩溃而丢失文件）。

同时也习惯逢人就去了解要出版一部书的其他繁琐流程。这年头写书的真的都是"老实人"。

有幸遇到一位志同道合的小伙伴做我第一个读者，辅助我完成这个梦想。在成书之前，电子版只有我们俩有，一方面为了保密，一方面防止一个人的文件忽然丢失。

此外，我在朋友们的帮助下，开过公众号，很耗费心力，但是这让我习惯性地写文章。那些文章都是我写书的素材，我的粉丝虽然不多，但都是前期的基础。

这就是为什么高考写不完作文的我（别笑！我写字慢，但打字快），写书时的速度可以超过很多网络小说写手。

万事俱备，只欠东风。

疫情封锁的半个月里，大部分人练就"葛优十四躺"。对我来说是终于可以扣动扳机的十年一遇的机会。

你现在能看到的是这几行字。你看不到的是我每天走了多少路，费了多少心，觍着老脸求了多少朋友。

我写书的时候，没有在凌晨 2 点前碰过床。

耽误休息、学习、面试以及陪伴家人的时间。为什么？我知道这是我的梦想。

面试没了可以再努力，梦想放掉了，可能一辈子就错过了。

我写了半天这个事情，目的是什么？

一方面当然是为了卖惨，求诸位大哥哥小姐姐多跟朋友推荐推荐这本书。

一方面，是介绍一个真实且肉眼可见的小成就。我用亲身经历告诉你，其实有时候实现一个心愿，没那么难。

生活中，我们有时候没成功，不是因为我们不想成功，怎么可能有人说自己不想成功，就喜欢失败？但我们常常只是"有一点"想成功而已，梦想只是说说而已，竞争对手比我们的渴望强烈很多，对方可以付出的代价也更高，自然我们就不是那前百分之一的天才。

在我写书的过程中，你会看到诸多习惯，"习惯"二字也被我刻意提了六七次，这些习惯一开始当然是刻意的。我一开始见陌生人也是讲话结结巴巴，但现在组织几十人或者百人的活动和会议，已经轻车熟路了。我觉得我是能力提高了，虽然朋友们都说我脸皮变厚了，吹牛也不喘气了，现场打磕巴都听起来那么流畅。

我们之前提到，梦想是一个没有 DDL 的任务，拖延症是它的天敌。而又讲了，拖延症的本质，是我们对远期收益的低估，对风险的低估。选择拖延是大脑权衡利弊后的暂时的"正确"选择。但是我们也说过"习惯"是一条快速通道，因为习惯行为的速度快于你权衡利弊的速度，可以让我们还没有来得及想要偷懒，就已经全身心地决定开始做事情了。反复的行为形成习惯后，决策指令更加畅快，我把它称为——"指令隧道效应"。

这就是习惯的力量。

3. 借我你的十分钟

——开始第一个梦想

这一小节很简单，从开始到结束，我只占用你十分钟的时间。

还记得你写下的梦想吧，首先你去努力加上最多的限定。

比如"我的梦想是：想要有个玩具"，这是幼儿园水平。如果你是小学生，可以改成"我的梦想是：让我爸爸在我妈不知道的时候，给我买一个最大、最贵的乐高拼装玩具，就是那个蓝色保时捷那种的"。

比如"我的梦想是：考上北大清华"，这是小学生的话。如果你已经高中了，你可以改成这样，"我的梦想是：考上北大清华，我现在英语、语文还需加油，如果英语和语文达到班里平均水平，其他学科继续保持，我是很有希望的"。

比如"我的梦想是做一名科学家"，如果你是个大学生，你可以改成"我未来要在北大做教授，我会成为一名材料学家，专门研究碳纳米管领域"。

我相信绝大多数同学真正的梦想，不一定是学习或者工作。你们喜欢有趣的、好玩的，我也是。所以我希望你们可以有更多"不正经"的爱好。比如骑自行车，北大的戴维学长就是一名自行车爱好者，虽然 OFO 后来因为各种原因跌下神坛，但是我们不能否认，OFO 曾经是伟大的，而且戴维学长也有很强的能力，是一名优秀的创业者。这不是我向着自己的校友说话，这是很多投资人的原话。

所以你的愿望可以是，"我想在北京开一家文艺范儿的网红餐厅，对标绿茶、铃木食堂"，或者"我要做一名逗比幽默的游戏主播，擅长吃鸡，我的偶像是老番茄和王老菊"。

好了，当你有了一个切实、具体的梦想之后，我们对梦想进行切分：

你可以把梦想切分为 5~7 部分，以出版书籍为例：

第一步	我还不确定主题，但是我先积累素材
第二步	我和朋友多讨论、积累，了解出版与自媒体
第三步	和朋友开公众号，写小文章
第四步	把所有素材都聚拢，依照内容定主题
第五步	确定主题，摆正位置，设计体系
第六步	写书，可以找一位靠谱的小伙伴辅助
第七步	联系出版社出版

然后之后七天，开启第一步的计划，每天再忙也要为它付出至少一分钟，并且如实记录：

第一天	有一个灵感——人性本私，并做了记录
第二天	发现朋友不认同人性本私，可能我需要重新思考
第三天	玩了一天，但是临睡前我找到了几本 "成功学" 的书
第四天	啥也没干，睡前用一分钟下了订单
第五天	今日灵感：虽然与生俱来人性本私，但是同理心是不能被忽略的
第六天	书到了，在看书。今天在思考：现在抖音、快手、B站横行，纸质还有生存空间吗？
第七天	今日思考：纸质书一定要给大家不一样的体验。有成体系的逻辑框架，才会被认可

前七天当然都在 "第一步" 的积累期。即使有天没有做什么，也会强迫自己头脑风暴，或者做点儿什么。

再举一个例子，比如想要开网红餐厅：

第一步	去搜索北京的网红餐厅，同时找开过餐厅的朋友了解情况
第二步	尽量搜索，或者问业内人士，网红餐厅整体的行业情况
第三步	吃遍这些餐厅，也可以叫朋友一起，了解大家的消费心理
第四步	目前已经了解的行业情况，也了解行业痛点。选好自己餐厅的闪光点
第五步	由于餐厅投入巨大，努力认识有经营经验的朋友，最好可以说服他一起合伙开店
第六步	确定好合伙人、主题、目标用户人群、位置、厨师等，做好预算，开始经营
第七步	每天去餐厅巡视前台和后厨，调查消费者体验，及时反馈和调整

我没有开过餐厅，为了尽量专业，我找来开过烤肉店的表哥请教了一下，如果他开一个餐厅，需要哪七个步骤。

借用你十分钟时间，来把扉页后的"梦开始的七天里"填写一下。

注意，一定不要偷懒，写在纸面上和脑子里是不一样的。你不写反正也不退你书钱。

什么？不要告诉我你手边没有笔，咬破手指写（高危动作，请勿模仿）。

别嫌累，我写 10 万字，你写 100 个字，我是你的 1000 倍。老老实实，写完了再往后看。小聪明耍的都是自己。

写完了吧？感谢你的十分钟！当你写完 100 字之后，你想想，假设你的梦想也是一本 10 万字的书。只要十分钟，你的梦想就已经被完成了千分之一！怎么样，神奇吗？也就是说，你再付出 999 分同样的努力，你的梦想就实现了！这可能是你与它最接近的一次！

未来，你的人生有无数个十分钟，但刚才的十分钟是你梦开始的地方。

4. 不可能人人都成功，但是人人都需要成长
——成长学

市场上有很多成功学的"大师"，实际上如果没有极高的智商、世界超一流的学历、政商学三界的顶尖经历或者资源，那么，不管他们如何反复讲成功，都好像一只红毛鹦鹉叽叽喳喳地要教我们唱《左手指月》，"一滴泪，啊啊啊……"

我并没有怼人，请你再认真想想，如果"大师"真的有世界上一流和超一流的资源，他用得着在你面前浪费时间吗？人家图啥？这只是他的职业，他要赚钱生活。

你能想象，世界上 70 多亿人，人人都成功的场景吗？给你送外卖的小哥是市长，隔壁摊煎饼的大娘有两套别墅，滴滴打车的师傅开的是兰博基尼。可能吗？以我的愚见，成功学，从它出生的一刻就是一个伪命题。但是市场很大，有成千上万的人还在贩卖鸡汤和焦虑。你以为你在为成功的捷径付费，实际上，你在为自己不切实际的贪婪买单。

我这话已经非常非常客气了，我说的是行业的后百分之九十，看到像闫宗师这样能够违背物理规律，"隔山打牛"的"大师"，看着他们误人子弟，我能不说两句吗？可能我还年轻吧。

别的话我也不多讲了，反正我从来不给爷爷奶奶买脑白金，褪黑素吃多了不好。

我也不建议我表弟买背背佳，不建议我姥爷用莎普爱思。

如果你说：我都不用，但是我手机就喜欢 8848。那随你便，反正我用华为。

不可否认的是，确实有高人和前辈被埋没了，或者没有得到应有的关注，我同时替他们感到惋惜，相信只要他们坚持下去，社会会给他们肯定。

所以我平时看大师，从来不看气势，不看背景音乐，不看背后站台的资本和平台，我看他的逻辑怎么样。哪怕结果是错的都没关系，他起码是有思考的，我愿意关注他，给他机会，和他一起成长。

我写这本书不为赚钱，这也不是我的主业。我是单纯因为兴趣，希望可以把可能有用的观点，尤其是思维的过程分享给更多的人。我肯定有很多缺点，但是我愿意和大家一起成长。

下面我来"吹"一下这本书，请你给个面子看完，这也有助于你阅读。毕竟买书的钱你已经不能退了，不是吗？

读这本书，你会看到精心设计的、体系化的方法和世界观。

它不是四处抄了一些稀碎的方法，耍小聪明地奇技淫巧拼在一起。

它是一本三维立体的书，不同部分之间频繁勾连，是"运动"的，有生命的。

它不是介绍 100 种让你记不住的方法，它的观念很简单：单纯的努力、努力的客观、客观善良、善良的聪明。没有 100 种方法，但是有 100 个不同情景。很多事例都是我一路走来的心路历程——我不想让大家再多走弯路。

这些朴实而且良性的观念融合在全书各个地方，通过阅读和互动后，不需要刻意记忆任何方法，就会融入你的潜意识。

全球 76 亿人，不可能人人成功，绝大部分的 75.99 亿人都是平凡的。

但是 76 亿人，都需要成长，只要他们还存在于地球。

所以我一直强调，喜欢和读者一起成长。随着人生的不同阶段，还会坚持出后续的作品。我会对你们有影响，你们也会看到我因为你们而改变。我们的生命在互相影响之后，就会多多少少交织在一起，我中有你，你中有我，这是我的荣幸。

所以我把这本书中的体系定义为，成长学。

我没有能力量产成功，但是我可以帮助你生成有趣的灵魂。

毕竟成功是少数努力又幸运的人，然而——

成长，是每个人都绕不开的话题。

5. 本章节最后的话

生活中的无限 "盲盒"，其实是相互串联的。当你看到这些文字的时候，一切已经悄然改变。

如果你真的认认真真完成了 "梦开始的七天"，我真的非常感谢你。如果因为我的存在，而让你能够有多百分之一的机会接触到梦想，我是十分开心和幸运的。

虽然你有钱了也不会给我压岁钱，开了餐厅也不会请我吃饭，甚至有了乐高玩具都不会叫我一起玩，甚至可能因为我借了你十分钟而背后说我坏话。

但是没关系，你想想，如果这本书的读者真的都多了百分之一的机会实现了梦想——

如果有一万个读者，世界就会多出一百个梦想被实现。

如果有十万个读者，世界就会多出一千个梦想被实现。

如果有一百万个读者，世界就会多出一万个梦想被实现。

……

如果，哪怕只有 100 个读者，世界也会多出一个可爱的梦想。

只有一个也是无价的，对我来说，"爱" 与 "梦" 是不能拿来作比较的。

能陪你成长，我是满足的。

第五章

寂寞的行囊

——心态与独处

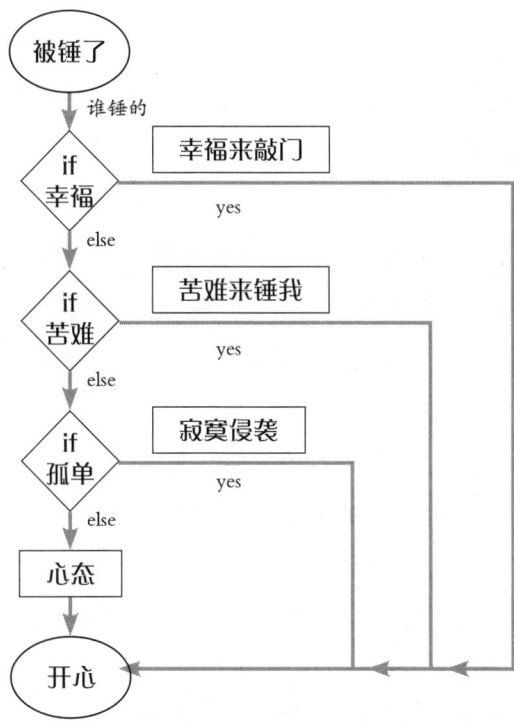

1. 兵马未动粮草先行

——咱必须心态稳

欢迎来到"修身篇"的最后一章。我的小可爱！

四天四夜写到这里，我今天有点累了。所以我们稍微停下来，梳理一下"修身篇"的全部内容。读书、学习、生活的人生旅行和开车旅行一样，要经常停下来看看导航，弄清楚你在"大地图"的什么位置，这很重要。

"本次导航即将结束，目的地在您右侧，已为您选定停车场……"

我们来梳理一下足迹：

第一章"你是不是充话费送的？"介绍了流口水儿学长简单的世界观。我不想强行输出自己的世界观，只是希望大家可以辩证地看待外界对你输入的各种各样的世界观，理性看待那些"猜想"。理解："世界 N 维 > 人类终极认知 n 维 > 人类目前的认知 M 维 > 你的认知 m 维"。真诚地放下偏见，保持虔诚地去看待和理解周遭的世界。因为无论你如何聪明，哪怕每天全身装满摄像头，你离"真相"仍然很远。这就是为什么人们常说，"人类一思考，上帝就发笑"。

第二章"和自己喝一杯咖啡"介绍了"与自己交易"的概念。以退为进，和自己的欲望与胆怯和解。它们也是你不可分割的一部分，即使它们经常给你惹麻烦。但客观地讲，我们也经常委屈它们。我们常常重视对他人的承诺，但总是忽悠自己。在和解的过程中，你会给自己很多承诺，比如"今天早睡，明天早上可以刷半个小时抖音"，或者"今天我多吃点，我下周要去三次健身房"。这都是你的诺言，请你对自己真诚。就这样，喝完咖啡，你写下了对自己的第一个承诺。

第三章介绍了"人人都有的坏习惯"。请你保持客观和辩证的思维看待自己的"坏习惯"，这些"坏习惯"有的时候反而会帮你。所以，学会去"抱抱那只黑天鹅"，不能因为它替我们承担了所有诅咒，我们反而抛弃它。第二章我们真诚地写下了对自己的一个承诺。这里我们真诚地抱抱它，别对自己耍小聪明。

第四章提醒大家"还记得那杯咖啡吗？"一个客观、真诚、有梦想的你，是充满行动力的。当你和自己真诚和解之后，你的行为和意识会非常协调。你的行动力和战斗力会从"三哥的摩托车部队"提升到"中国人民解放军"。（印度朋友别生气啊，我真没别的意思，情况就是这么个情况。我也想低调，可是我们这边实力它不允许啊。这本书随后会出英文版，印度朋友别因为一个段子抵制我就好。）第四章篇幅较长，这本书不是"成功学"，取名"成长学"，你一定懂我，所以不多讲了。强调"准天才"可以后天培养，前提需要养成习惯和兴趣，引导大家完成了"梦开始的七天"。我们言而有信，开始兑现第二章中对自己许下的承诺。这里提前祝我的朋友们筑梦顺利。

第五章是强调心态的一章，虽然在最后，但最重要，是"修身篇"的力量源泉。因为即使我们客观、真诚、有梦，而且善良，遭遇的世界不全是善良的，有很多逆境，甚至阴暗的地方。客观的善良才最有力量，否则就是小绵羊。第二板块"齐家篇"一开始就会介绍人际关系中常见的阴暗面。"修身篇"中强调个人在逆境中的心态修炼。搏斗中第一步就是训练"抗击打能力"，心态是前面四章的"力量支撑和背书"，否则你的梦是脆弱的。

2. 被生活锤了怎么办

——认知失调与归因理论

"心态不稳了"是我们经常看到的一句玩笑话，就比如我今天写得很慢，现在心态就不稳。

人生不如意常八九。

比如 2020 年春节，你爸给你一百块钱去给家里三口人买口罩，结果你只带回来一只口罩。此时的你爸就会陷入 "认知失调"。——经历过的人会懂。

比如你看人家搏击很有趣，结果报了课程对练，被对手追着满场跑。——没错，就是我。

比如你看人家滑雪，180° 的 "大回旋" 很帅。你拎着单板上去之后，一顿操作，伴着众人的目光 360° 滚下来了。——没错，就是我。

比如你去约饭，女神说今天吃过了。当晚上来到海底捞吃火锅，却看到人家和对面的小哥哥有说有笑。而你的对面，坐着的是一只巨大的玩具熊。——这绝对不是我。

此外，生活中学习、作业、工作、老板、爱情、友情等等，方方面面的事情和意外都会可能给你造成压力。

各种书籍和心理咨询会针对不同的情况，给出很多技巧，甚至还出现了臭名昭著的 PUA，说白了就是骗术，但是发展到最后大家都是受害者，只有培训机构赚了钱。这个例子我们在 "齐家篇" 会详细剖析。

具体的应对方法，每个人不一样，有千万种招式。人家说烂的东西，我们不讲。我们这里讲求 "心法"，追求以不变应万变。至于提到的一些缓解压力的"招式"，为了本书的体系，我当然都研究过，所以会融合一些经典的解压方法作为例子，方便大家理解。

李云龙说过："人要是倒霉，放个屁都砸脚后跟。"我们不讨论李云龙是脚后跟太高还是腿太短，但是压力确实可能来源于方方面面，各种倒霉事也常常以各种奇葩的姿势与我们撞个满怀。

不过你想想，说一千道一万，其实就一个原因——心态崩了。

"心态崩了"很像心理学上"认知失调"的概念。心理学上的认知失调又名认知不和谐（Cognitive Dissonance），是指一个人的行为与自己先前一贯的对自我的认知（而且通常是正面的、积极的自我）产生分歧，从一个认知推断出另一个对立的认知时而产生的不舒适感、不愉快的情绪。

认知失调理论基于这样一种观点：人类会试图在其意见、态度、知识和价值观（认知因素）之间建立内在的和谐和一致性的内驱力。

搜狗百科的例子是戒烟：你很想戒掉你的烟瘾，但当你的好朋友给你香烟的时候你又抽了一支，这时候你戒烟的态度和你抽烟的行为产生了矛盾，引起了认知失调。

如果你觉得搜狗的例子无聊，我给你举一个：比如当你认为搏击就是胖揍对手缓解压力，但是你正在被人家追着打时，你就产生了认知失调。

其实不一定要拘泥于"行为与认知的冲突"。如果我们"活学活用"，用简单的话解释一下什么是"心态崩了"或者是广义的"认知失调"，那就是：无论是你的行为，还是你看到的现象，只要与你的预期不符，你就会认知失调或者心态崩了。

更有趣的例子：海底捞里，当你扭头看到，刚刚对你说自己吃过饭的女神，现在一直盯着对面的小哥哥看，同时谈笑风生时，你的毛肚忽然掉进锅里找不到了。你赶紧去找，因为你不想它变太老。找了五分钟才找到，你把它夹起来的时候，它已经一百岁了。但找到就好，你松了一口气，抬了抬头。发现坐在你对面的巨大玩具公熊也正在盯着你，你一个失神，毛肚又掉进去了。这个时候，你会出现至少五重叠加态的"认知失调"。你数明白是哪五重了吗？这个时候不再是"心态崩了"，我愿意称它为"心态稀碎"。

之后我再提起"认知失调"，就不再是心理学定义了。就是我们广义指，现象与自己认知不符，引发的认知失调。"心态崩了"="认知失调""心态稀碎"="完蛋了"。

紧跟着"认知失调"之后就出现了另一个概念——"归因理论"。

"归因理论"的概念翻译过来就是，你要给现象找理由，使得出现的"异常"现象得到合理的解释，把你从"认知失调"的状态解救出来。

一般来讲，恋爱中的女性会有过强的"归因理论"的能力，具有易燃易爆炸的属性，请广大男性友人多多留意。

再举几个"归因理论"的例子：

比如，搏击课时对手追着我打，不是因为我菜，是因为我是一个懂得谦让的人。或者有可能是对面这个小伙子喜欢我，想抱抱我。

比如，滑雪的时候，人家的"大回旋"是因为平衡感不好，所以正好转了180°。虽然是翻滚，但是我转了360°，所以经过严密计算发现，我比他强两倍。

比如，女神没和我吃饭是因为那个男生脸皮比我厚。我掉毛肚不是因为我傻，是因为给我上的毛肚量足又大又重，夹不住。坐在我对面陪我的玩具公熊，有可能是女扮男装的，它可能是个母熊。

比如，我讲的段子独步天下，却没能和岳云鹏一起说相声，可能因为观众喜欢他英俊的外表，却埋没了我有趣的灵魂，这也是观众自己的损失。

所以当你被生活锤了，你要像我一样保持一个良好的心态。你看，经过我的"归因"之后，其实搏击课被追，滑雪摔跤，一个人吃火锅，不是段子不好笑，只是我不如岳云鹏帅，我就心态很平和了。我就很少心态稀碎。

所以，人生不如意常八九。我们要知道，心态崩了其实就是认知失调。归因理论告诉我们，我们要摆正态度，解释原因使得我们"认知一致"。真正遇到事情的时候，我们的解释还是要尊重客观规律，这样方便未来我们改正自己。像我这几个归因，你可以看出来我有一点点过于乐观，就不利于我之后改正自己和追求进步。

这一小节的段子比较密集，作为一名健身教练，提醒大家读后可以做一些拉伸，有助于缓解腹部痉挛。

之后的三个小节会介绍被生活锤的三种情况：幸福来锤，苦难来锤，寂寞来锤。我们应该保持怎样的健康心态？核心就是要摆正心态，穿越时空看问题会好很多。也可以像之前与自己做交易一样，与自己对话，了解自己的心情。话题会相对沉重一些，具体经历与反思我们继续往下看。

3. 当幸福来锤门

——考上北大清华就能幸福一辈子吗

这一小节讨论幸福的烦恼。

我知道不少读者是看到"北大清华"这个例子才翻到这一页。别着急，我偏偏最后提，但我一定会用力写这个经历的。

之前介绍了，只要现象和预期不符，就会出现一定程度的认知失调，无论是大喜还是大悲。这就是为什么古时候各种智者告诉大家要"保持平和"。看到这些不要急着去反感，那是你的偏见，人家说这话是很有道理的。但是鹦鹉学舌容易，学《左手指月》难。

"保持平和"四个字谁都会捏着胡子、摇晃着脑袋重复，关键是为什么，怎么做。因为大喜大悲都会引发认知失调。而认知失调是心态失衡的原因。大悲的情况容易理解，下一节专门讨论。大喜的情况是，只有发生了非常幸运的事情你才会大喜。也就是说，你得到了远超预期之外的东西。这个事情发生的因果联系，远超你的认知 m 维。所以，你才感到意料之外。而这个事情超越你的认知维度，就意味着，这个好事对你来说无迹可寻，你不能随意复制，这是一锤子买卖。

有些人会说，一锤子买卖也好啊，总比没有强。

没错，你没有被馅饼砸的时候，你会这样说。但是你被砸过之后，你的心态就会悄然改变。这就是为什么真的有人喜欢守株待兔，白捡了一只兔子之后，他心态变了。

就是这么简单的道理，我们 6 岁以上的小孩子都懂，但这往往是很多人痛苦的源泉。

下面讲一个寓言故事。

主角还是兔子。传说古时候月亮是玉兔一直在守护，她每天负责帮助天庭清扫月亮，并且保护它不被坏人偷走或者损坏。玉兔非常喜欢她的工作，她也对月亮有着很深的感情，所以她就兢兢业业地工作了几百年，每天也感到非常幸福。

玉兔的兢兢业业，玉皇大帝当然看在眼里。于是八月十五那天，玉兔完成了一天的清洁任务，刚刚摘下戴了一天的 N95 口罩，玉皇大帝出现，告诉玉兔她表现得勤勤恳恳，非常出色，所以以后月亮就赏给玉兔了。

第一天玉兔大喜过望，她以前从没有想过将月亮占为己有。但是她太喜欢月亮了，真的非常开心。

第二天玉兔喜出望外，每当它抬头，碧绿的小眼睛盯着月亮的时候，很开心，晚上做梦都笑出了声。

第三天，正月十七了，玉兔心头一沉，敏锐地发现，月亮好像没有三天前圆润了。

第四天，玉兔发现天空中时不时有飞鸟掠过，虽然这是她的好朋友喜鹊，但是她却看出了秃鹰的味道。

此后的日子里，玉兔更加努力地守护月亮，但是她的心已经变了。她不允许月亮有阴晴圆缺，她希望她的月亮永远饱满。她不允许喜鹊飞向天空，因为不能有人离月亮比她更近。她开始变得焦虑狂躁，因为她总担心月亮失窃，每晚都没有安稳觉。总之，她不再幸福了。

后来她工作越来越不在状态，频出差错。而且她与朋友、同事的关系越来越差。正直的朋友离她而去，为人奸诈的则去玉皇大帝那里添油加醋地弹劾。后来有一天玉皇大帝也终于不满，于是便收回了月亮，重新归天庭所有。

玉兔，终于失去了她的月亮。

两个，天上的月亮和她心里的那个月亮。

即使一切恢复原状，月亮还是以前那个月亮，玉兔也绝不会是从前那个玉兔了。她眼中的月亮，再也不是从前那个完美无缺的月亮了。她和月亮的关系，再也回不到从前。

不要难过，是我篡改了故事的结果，原故事中，玉兔终于恢复正常了，玉兔重新感到幸福，可以安心工作了，皆大欢喜。

只是如果是在真实世界，还能和童话故事一模一样吗？

听完故事先别走，有没有觉得这个月亮在生活中可能是很多东西。

比如信小呆工作得好好的，但是有一天，她中了一个亿的锦鲤。

比如你觉得你们班上的男神"小月月"和你是好朋友，你从没想过占有他，所以你一直单纯地享受你们在一起的分分秒秒，但是有一天他表白了。

一个亿是什么概念？年薪一百万的人，20岁工作，120岁退休，不吃不喝睡街头，可以挣够一个亿。一年前，信小呆发微博"我下半辈子是不是不用工作了？"被疯狂采访。一年中，信用卡刷爆，睡眠不足，频繁去医院。一年之后，甚至没有媒体去报道了。因为这个时候，她的新闻价值已经被各路媒体利用枯竭，无人再问津。

如果说信小呆是资本的陷阱，那生活中是否可能有命运的玩笑呢？

所以说，福兮祸之所倚，祸兮福之所伏。

无论是幸福还是苦难，一旦偏离你心态的阈值，你就会心态不稳，可能崩溃，也可能稀碎。

如果让你能配得上你的幸福，就需要你有足够的实力。比如玉兔实力强大，拥有月亮绰绰有余。信小呆身家五千万，又中了一个亿，她的实力可以很幸福地兑现奖品，而不用去为了苛刻的兑奖条件在路上委屈自己。你也是你们班的女神，你叫孙越。你和小月月在一起，郎才女貌，这就是一件好事。

如何提升实力？我们在前面一章已经有了非常体系化的介绍。

除了实力之外，心态也很重要。如果事情的发展超出预期，但是超出的部分没有超过你心理承受的阈值，此时你的心态是稳定的。你内心不会不适，也不会因为心态崩了而把更多事情搞砸。

心里承受的阈值很重要，我们要努力扩展它的范围。很多修道之人会选择静坐。这种方法也还可以。如果你选择"静心"，实际上是用转移注意力的方法来平复心情。

但是我个人不喜欢用这个方法。因为对我来说，把事情想清楚很重要。我不喜欢逃避。

我们应该养成客观看待问题的习惯。还记得第一章世界观里面讲的吗？世界的维度是超高维度的。这个事情只是其中的一方面，但从时间一个维度看，它就不可能是永恒的，毕竟你就不是永恒的。

现在我们长大了，我们要知道：真正的客观，是要去包容和接纳"主观"后的"客观"。没有人会天经地义地充满正能量。

保持客观，会让你看清很多事情的本来面目。即使它们超出你的认知范围，只要你理解"维度"这个概念，就可以比较好地接受。你出现认知失调的概率就会减少，有助于平和心态。

真正的客观是一种素质。这是我化解曾经人生中最大焦虑的时候总结出的心态。

这也引出了本小节最后一个例子：考上北大清华是不是就能幸福一辈子？

我两个都试过了，我告诉你，不可能。

幸福的人，有时幸福。不幸福的人，一生不幸福。没人能幸福一辈子。

但是你越客观，你越平和，越容易幸福。

北大清华的同学，包括我认识的其他强校的同学，他们的焦虑程度往往更高。像老番茄那样的开心果，还是凤毛麟角，所以我经常看他的视频，放松心情。

我曾经就极度焦虑。

我刚刚考上北大的时候，是最膨胀的时候。觉得自己前途一片光明，尤其我在北大的成绩也不算太差之后，我更加膨胀了。这样的膨胀，最后都伴随着高昂的代价。那是后话，但是与之相比的是，毕业季的焦虑。

因为我发现，一线强校毕业生到处都是。你以为你考上北大清华，哪怕倒数第一，也是同龄人中的前六千嘛。很多人觉得，自己学校比人家好一点，就比人家强，这是不可能的。你高考确实比人家高几分，但是不代表你的人生永远比人家高几分。如果你在北大清华不好好努力，排名在后面，其他学校的优秀同学，是会比你优秀的。

很多同学，包括当年的我，一直有一个误解，我以为我的学校可以保住我人生的底线。但其实，你的学校如果更好，只是能尽量少地限制你的上限。

尤其是高一、大一在名校的朋友，更容易产生自满的感觉，觉得自己这辈子没问题了。因为老师当年说了，考上北大清华就完成任务了，就牛了。没错，老师完成任务了，你才刚刚开始。所以你高兴啥？

当年大一的时候，叔叔阿姨见面就夸，弟弟妹妹见面就崇拜，也一定程度地使我对很多东西产生了误判，没有客观地看待自己在社会中的位置，导致毕业时，我发现很多其他学校的同学实力真的比我强。我一开始一脸蒙，不是明明我考上北大他没考上吗，我在大学也很努力学习，没有太偷懒，为什么一抬头，我被别人超过了？

现在想想，这是很正常的事情，但当时我一年没转过弯来，而且越来越焦虑，越来越烦躁。多个负面效果相叠加，严重影响决策，产生很多令人匪夷所思的行为。还好老师同学帮助我，用合适的方式劝导我，也适当地吃过几记成长之拳，我才慢慢不再焦虑。

我知道很多学弟学妹还是有这样的焦虑：为什么我一路努力，我没有经过弯道，我一直直线加速，我一直冲在最前面，我一路上放弃了很多，我不玩游戏，不早恋，不看言情小说，为什么一回头被人家弯道超车？我不知道我哪里做错了。

这个时候，身边人说得最多的是"别想太多，别和别人比"。

"为什么不能和别人比？我比不过，所以不去比吗？"

此时别人觉得你是杠精，你比来比去，你比疯了。没人再理你了。

但是你的苦恼一点儿没少。

其实，身边人没说错。但是他们的劝慰，和"同志们！开放包容、踏实拼搏、积极向上"一样，没有价值。

空喊口号的人，不是能力问题，就是态度问题。他们没有能力去理解别人，感受别人的痛苦，或者人家懒得理解你的感受，所以空喊口号。周围有这样安慰你的人，你可以不用理他了。

我理解你的感受，我也经历过。不卖关子，我告诉你我是怎么调整的。

后来，我慢慢发现，过于主观是没有前途的，我非常非常希望自己可以冲在前面。我觉得这样大家会认同我，我也有资格去帮助别人。如果我落在后面，就是一个没用的人，这个世界上，除了父母，没人愿意搭理我。话粗理不粗，扎心但真实。

我是一个容易没有安全感的人。所以我才追求这些心法，帮助自己平稳心态，也把这些经历和方法，介绍给大家。我担心大家不认同我，觉得我对他们没有价值，所以我习惯走在最前面，这样我会很有安全感。可能这也支持了我一路的付出和努力，但没有绝对的好事，这引发了我的焦虑。

根据大家对强校的狂热追求，你可以看到学校之间，往往是有"鄙视链"的。这就是大家无聊搞出来的，但是说者无意听者有心，我觉得鄙视别人这个行为真的有点儿不成熟，所以不放上来，感兴趣自己去百度。（我天天给百度打广告，李彦宏师兄看到这段话，是不是得给师弟点儿广告费。）

后来我发现，是我大一时候心理预期太高了。你拿到北大入场券，它只是一个入场券而已。你不会忽然提高智商，不会忽然有钱，也不会忽然变帅，录取通知书也不附赠女朋友。其实你生活的很多维度都没有变，这只是对你高中学习的一个肯定。但是由于我之前眼里只有学习，对任何影响成绩的事情都远离，成绩就是我的生命，所以我的眼光变得狭隘，也不再"客观"。我忽略了自己在方方面面都是很平庸的，即使是学习，我也比不过很多大神。我实话实说，我现在看我自己，真的没有资格去鄙视别人。——当然，人不犯我我不犯人，别人要是没事来鄙视我，还是可能会教他做人。

认识到这个问题之后，我发现之前我评价人的维度是有问题的。好比高考是人生，我数学好，我就觉得自己是学校前十名了。但实际上，高考还有语文和英语，我没注意到。这就是为什么整体排名肯定不如预期。不是因为我忽然变菜，是因为我之前的平均标准的维度不够，没有认识到自己的真实位置。

老人们天天说，不要得意忘形。我们经常做不到，经常自我膨胀，然后触发很多倒霉事，然后后悔了。为什么？因为我们知其然不知其所以然。

你真的得意，却假装你没有很得意，太难了。这个时候你还会给自己举例子，某某名人，大将风度，泰山崩于前而色不变，麋鹿行于左而目不瞬。然后你要自己强行憋着，才算有城府。你不憋着你就会触发社会的负反馈。

就像你想放屁一样，你真的憋不住了。请问，你们谁有成功憋住屁的经验？

所以要真的有城府和淡定，不是靠演技和憋着，是你真正理解事物的本质。假设你中一个亿的锦鲤，你要知道，里面有很多坑，它不是真的一个亿。而且就算有一个亿，又能怎么样？你很多其他的维度，都没变。你能因此换一个聪明一点儿的儿子吗？不可能。你仅仅是有钱了而已。这值得高兴，但是你要认清，它是有限度的。

从另一个角度讲，如果一味强调城府，明明很高兴的事情要憋着，别人会觉得你不近人情，觉得你虚伪，没人会感谢你的城府。高兴就开怀大笑，能正确看待意外惊喜就好。

真正客观的视角，需要很多锻炼。我也年轻，经历的事情少，需要继续锻炼，和大家一起真正地"修身养性"。这需要从身边的每一件事做起。告诉自己，我们的认知维度可能看不透很多事情，无论是分高、论文多，还是有钱。这有助于我们放下自己的傲慢、偏执和控制狂或者强迫症。实际上，这些都是心智不成熟的表现。因为要知道，生活中很多事情是看不到的，不能预测和解释，由它去就好。比如与家人相处，儿孙琐事由它去，就需要客观，之后会提到。

心理阈值的真正扩大，需要你经历很多事情。你经历的事情越奇葩，你会得到更大的锻炼。这是纸面上给不了的，需要自己的亲身经历。遇到过于奇葩的事情，消化不了，要去找心理医生及时疏导。

保持客观，看起来是给别人机会，实际上是给自己机会。

客观是一种素质。

4. 当苦难来锤我

——苦难不值得被感谢

了解了什么是真正的客观，以及客观是一种帮助我们平和心态的素养后，经过生活上一些事情的锻炼，我们越来越客观，心理承受能力也越来越强。

对于好事而言，前面已经讲过，理解自己的认知维度 m 有限：偶尔发生的好事是局限的，在全维度上，我们并没有显著地变得很优秀，所以发生的好事不过如此，要客观看待。

对于坏事而言，也是一样，一件倒霉事可能让你仅仅心情不好。但是父母生病，自己失业，外加分手，如果多件倒霉事在短时间内接连发生，就会直接出现认知失调、心态稀碎的情况。一方面，我们要从自己身上找原因，比如我们是不是经常气父母，喜欢嘲笑老板的秃顶，或者忘记了女朋友的生日。另一方面，"静心"是没用的，你倒霉了就是倒霉了，你骗不了自己。我们还是要客观看待，诸多倒霉事出现的那一天，不是我们当天很差，倒霉事发生了，是我们之前很多错事积累的结果，有的时候只是巧合发生在了某一天。所以不要对倒霉的一天避之不及，恰恰相反，我们应该赞扬自己那一天的勇敢，它承担了很多不属于它的东西。

对于倒霉事的处理心态和狂喜事的一样，它们都是发生了一件超出你认知阈值，你没有预测到的事情。站在客观的立场上，再大的事情，它能影响的维度都是有限的，单从时间维度就可以抹平。

我一岁的时候，经历过一场车祸。这是由于驾驶员的疲劳驾驶，在高速路上没有及时转弯。包括驾驶员在内的一车人都是亲人，这场事故造成一死多伤。不幸离世的是我的三叔，从后来家人的描述看来，如果他现在活着，大概率成为一个很成功的商人。无论从情感还是客观条件，这次事故造成的损失和打击，不可估量的大。三叔当年最喜欢我，到哪儿都抱着我。车祸时我就在三叔怀里，与死神擦肩而过。如果当时死神的镰刀再长一点，可能现在你们就读不到这本书，看不到这么多段子了。

因为我一岁，很小，卡在了座椅下面。车子飞出高速路之后，掉进一个不算太深的沟里。我妈回过神来发现是出车祸了，赶紧在前面座位找我，发现我卡住了，拼命把我拉出来后，没隔多久，已经倒翻的面包车就起火了。我差点在一岁多的时候，变成烤乳猪。

我的脸上、左边眼窝里都插进了玻璃碎片，头部受伤，血从眼睛里、脸上各处流出来。不知道是不是因为小时候受伤，还是自己用眼习惯不好，我的左眼近视度数，比右眼高 300 多度。我尤其担心，不知道那场事故，把我的智商撞掉了多少，心疼死我了。

因为是男生，脸上的疤痕，就没有做美容处理。现在已经很难看出来了，小时候细皮嫩肉的，是很明显的。在高中之前，周围的孩子们都不太懂事，总拿这个疤痕跟我开玩笑。我知道他们是无意的，只是为了活跃气氛。毕竟他们没有我的幽默感，还硬要讲段子，我也挺同情他们的。说者无心听者有意，虽然他们是我的好朋友，我即使揍他们，都不能阻止他们拿这个开玩笑。

后来我就无所谓了，但是我特别害怕我朋友在我妈妈面前开这个玩笑，因为她肯定孬毛。我妈一直觉得是她当时没保护好我，执意要先一步回老家，才坐上车。我知道这和她没关系，我也没怨她，她一定要这样想。有孩子的读者想象一下，你一岁的孩子如果经历了严重车祸，童年时候脸上有疤痕，你看到其他小朋友和他一直乱开玩笑，你会不会也很心碎？

这是对我来说，从我的视角看待这次"苦难来锤我"。我三叔的两个孩子，是我的两个表哥，他们从此没有了父亲。他们究竟经历了怎么样的痛苦，我只能努力想象其中的十之一二。即使让我想象的时候，我都感觉自己胸闷气短，要当场昏倒。我甚至没有勇气去想象。

这是真人真事，但是不管怎么说，事情过去了 22 年多，一切归于平淡。头部受伤，略有近视的我，终于考上了一所一本学校，避免了回家种田的结局。我的两个表哥虽然没有考上大学，也都有了自己的事业和生活，一切安好。

虽然那场事故，给我们所有人都留下了无可挽回的伤痛，你可以不原谅别人，你可以不原谅自己，你可以不原谅运气，但是你无法不原谅生活。

所以讲起苦难，请大家不要再提司马迁宫刑什么的，我又不是他女朋友，我不想再听一遍。也不要跟我讲那些伟人的例子，他的苦难经过再次转述就不是"苦难"了，因为你知道结局——他变成了伟人。

苦难令我们恐惧的并不是表面的困难，而是未知和迷茫，你不知道你的伤和你的亲人离去，会对你未来的人生造成什么影响。

苦难就在我们身边，对我和家人来说，这样可怕的事件，过去了22 年，也没有归于平淡。

回忆起这个事故，我内心是极度波动的。但是努力客观来看，如果当年我们过度伤心，对自己和他人造成了二次伤害，可能也不是三叔愿意看到的。我不喜欢讲灵魂，但是我觉得，他在世的时候，对我、我的表哥，包括其他家人，都形成了方方面面的影响。这些影响在冥冥之中，也改变了我们的生命轨迹，改变了之后的很多事情。我们身上，都多多少少有三叔的影子和痕迹。

不知不觉，我已年过二十，身边很多亲人朋友，因为各种各样的原因，以各种各样的方式，慢慢淡出了我的世界。同样，一路走来，也经历过许许多多、奇奇怪怪的糟心事。客观地看，每一件事情的影响，都是"局限"的。它们可能在某一维度上影响很大，却没有哪件事可以在全维度上决定你的人生。

多年以后，翻开记忆，你会发现：你想记住的都还在，你不想记住的全都忘了。

当你已经逐渐熟悉，用全维度的视角看待发生的事情，以及它们对你造成的影响，你的心理阈值范围会逐渐扩大，心境的平和能力会显著提高。

苦难分为外源性和内发性两种。

刚刚讲过外部突如其来的倒霉事，还有一种苦难，来自于人对自己内部的怀疑。

我们前半小节讲的大多数是你不能控制的，从天而降的外源性苦难。而当一个人无论怎么努力，结果都没有趋好，反而变差了，会使人产生自我怀疑，自我怀疑会引起内发性的苦难。

外部的苦难，比如交通事故，不会持续找到你。但是源于自身的内发性苦难，则需要想通为什么它会跟着你。比如你一直很努力地和别人交朋友，人家不理你；你努力学英语，就是考不好，这可能导致你不自信，然后怀疑人生。

理解问题，理解现象，需要客观地、在更大维度上思考问题。

解释现象，解释问题，需要探究我们未知维度上的因果关系。

外源性苦难更多需要承受。内发性的苦难需要我们去解决问题，否则麻烦会跟着你。

比如一个家族的孩子，总是异常聪明，但是往往都活不过 100 岁。这个时候，在以前看成是诅咒的东西，现在可以去检测基因。这就是我们知道了更高维度的因果解释，甚至可以做出一些干预。

比如你努力靠近别人，但是人家不喜欢你。不是因为你不努力，而是因为你只为你自己考虑，你需要这段友情，而人家不需要，甚至不想要。如果没想清楚，还坚持去靠近对方，反而会被人讨厌。

这本书能告诉你的是，世界是很高维度的，每个人的人生也有很广的维度。而且每个人的维度其实是不一样的，一部分人的经历，另一部分人可能一辈子都不会接触。我们要努力去发现自己的局限，不断地变得客观。我只能在几个维度上举例子帮助大家理解。在全维度上，写 9000 万字也说不清楚，还是靠大家自己去体验自己的生活，认识自己的维度。

打破"刚性兑付"的思维，就是我自己扩展自己认知维度的一个经历。

20 岁之前，我多和事情打交道。对理工科背景的学生来说，越努力越幸运，是很多同学的座右铭。一道题你做十遍总比只做一遍熟悉，一个单词你反复背十次总比背一次熟悉。所以就养成了我前面讲过的强迫症，只要没有满意的结果，我就继续死磕到底。

20 岁以后，我开始和人相处更多。一开始我是强迫症，但这是非常不明智的。一个单词你可以背十遍，单词不会烦你，但是人会。这就是我们常说的，"过犹不及"。

世界上最不要脸的人，不劳而获。但强调劳必有获，也是不客观的。

　　努力就会有好结果，这是不可能的。有很多鸡汤或者热血沸腾的演讲告诉你，努力吧，你还不够努力。这当然没问题，但是大家现在都很反感了。为什么？因为听起来就没长够脑子。不问青红皂白就去吧去吧的，是神奇宝贝。

　　劳必有获是传统观念。无数寓言故事里面，有人不劳而获受到惩罚，有人踏踏实实得到了奖励。这些故事是有毒的。很多人踏踏实实，却没有得到奖励和收获，这是很正常的。传统故事在灌输我们不要不劳而获的同时，也承诺我们劳必有获，也就让大家养成了"刚性兑付"的思维。

　　实际上，生活中，我们经常劳而无获。我就经常遇到，习惯了。大家讨厌鸡汤就是因为它是假的，是理想化的。为了抵消鸡汤，就有了毒鸡汤。但是，以偏误对待偏误，是不稳定的。其实大家也不相信"毒鸡汤"，很多人看毒鸡汤，就是因为它是对传统"鸡汤"价值观的赤裸裸的讽刺。这真的大快人心，所以追捧者更多。但即使大家不认可无脑鸡汤，毒鸡汤绝不可能成为社会主流价值观。所以喧喧嚷嚷的几年之后，以咪蒙为代表的一众毒鸡汤高手，被赶下历史舞台。

　　所以我们一直强调，客观地看待事情，是能够站在每一个人和事的立场思考问题。当你真正习惯站在不同角度思考问题的时候，你就会理解很多从前因为不理解，而对抗和强迫的事情，进而变得真正的包容，而不是明明你不理解，还假装硬包容。真正的包容会给你强大的力量，去接纳很多人和事。而最终的善良，是在强大的基础上，开出的花朵。没有力量依托的善良，就是纸糊的，遇到事情就会变质。

　　我们生活中特别喜欢给别人提要求，举着"善良"的帽子扣在别人头上。其实自己做得也不怎么样。很多宣传语动不动就 10 条往上，很多行为准则动不动就几百条，这谁能记得住？这要能记住，大家都考北大清华了，都是神童。为什么记不住？不接地气，不考虑实际困难，就会提要求。大家都是人，你愿意别人一下子给你提几十上百个要求吗？而且如果一个人就是愿意使坏，他完全可以不犯法、不违规，但是让周围人很难受。比如宿舍楼下的外卖，偶尔有人偷偷拿别人的（很小概率，但是存在这个事情）。你能报警吗？你不能。几百条的学生守则规定不要拿错外卖了吗？

随着中国经济发展，大家生活都好了。正常人都不愿意拿别人的外卖，其实给你你都不要。但是如果放在大饥荒年代，大家连树皮都吃，这个时候如果你把外卖放在楼下，你觉得会没人偷偷"错拿"吗？这就是我们强大了。善良是需要强大作为基础的。再换个问题，如果地上不是外卖，是更值钱的东西呢？我曾经在学校丢了一个精致的玩偶，那是同学送我的生日礼物。当我返回去找的时候，地上有一个眼熟的盒子，但是盒子被拆烂了，玩偶被人抠走了。这事儿千真万确，我和朋友还到学校保卫处查摄像头，最后因为当时光线问题，看不出来谁干的。这个玩偶我日思夜想，但价值也就200元不到，不能达到立案标准。这是发生在高校的一件微不足道的小事情，我虽然怪罪那个抠走我玩偶还把烂了的盒子原地丢弃的同学，但是我更加明白了一件事情：没有攻无不克的善良。

很多时候，大道理看起来像照本宣科，让人感觉没有诚意，又何谈说服力。就是因为，我们常常只谈理解，不去选择客观的视角；只谈包容，不去用心体会；只谈善良，不够真正强大。

归根结底，就是"不客观"。比如伤医案中的所有凶手，都是对治疗不满意。但是治疗就会有风险，他们"刚性兑付"的思维，觉得看病就必须看好，医生都是华佗。这就是"不客观"。所以看不好病，就不理解，就认知失调，就会觉得是医生的原因。他们不能包容医生的能力是有极限的这个客观事实。行凶者失去了保持善良的力量，心态崩溃之后，直接化身恶魔。

再次提醒你这本书的特点：十万心血，自成体系，不愿哗众取宠，不求奇技淫巧，不讲奇闻逸事。我们不去刻意背诵就能印象深刻。为什么？

因为所有的枝叶都来自于体系中唯一一根主干逻辑链：

因客观而理解，因理解而包容，因包容而强大，因强大而善良。

5. 当世界都懒得理我
——寂寞侵袭

前面两节教会了我们：泰山崩于前而色不变，麋鹿行于左而目不瞬。

翻译一下就是，好事坏事，哥都不在乎。

此外，还有一个情景会让我们心态失衡——孤独。

好事来锤门，起码是好事，我们客观看待，不要得意忘形、乐极生悲。坏事来锤我，我也可以客观看待，同时去理解为什么我们会遭遇不幸，随后去调整自己。

当好事和坏事都懒得理你的时候，寂寞就会自然而然地来到你的身旁。

长辈常言，夫妻不怕吵架，就怕沉默。

人类最害怕的，就是寂寞。"孤独实验"可能引发包括大脑萎缩在内的很多论断在网上随处可见。孤独一百年，谁都会疯掉。但我们可以尽量摆正心态，在寂寞孤独之中，坚持更长的时间。

如何处理孤独？

能找朋友就找朋友，找不到朋友就看书，或者娱乐，或者工作，无心看书、娱乐、工作，就要学会和自己对话。

分享一个故事，这是我从著名 YouTuber 老高那里听到的，这是他人生的座右铭。

曾经有一个人，到教堂忏悔，问神父说："当我遇到困难的时候，神在哪里？我觉得神好像不在我的身边。"

神父说："当你一切顺利的时候，你看到地上的脚印，那是你的脚印。因为神不在你的身边。"年轻人点点头。

接着神父又说，"当你遇到困难的时候，你看到地上也只有你的脚印。并不是神不在你的身边，而是神正驮着你，他正在感受你的痛苦。地上的脚印，是你的脚印，也是神的脚印。"

我当时看到"他正在感受着你的痛苦"的时候，莫名鼻子一酸。因为忽然感觉起码有一个人（哪怕是虚拟的上帝），能理解我的痛苦，理解我的委屈。付出和吃苦，不是最难的，尤其对于勤劳、勇敢、心地善良的中国人来说。但是受委屈是每个人都会很难过的，本章最后会细致讨论。

说到老高，他是一个住在日本的中国 YouTuber。他以前做《皇室战争》，后来做了"老高和小沫"频道。老高为人谦和，《皇室战争》受众有限，其他 YouTuber 当年最高就 5 万左右粉丝，他的频道 25 万粉丝。他的新频道讲解宇宙奥秘和很多未解之谜，虽然不一定严谨，但是却很用心找了不少资料。我是眼睁睁看着这个频道的粉丝在一年时间里从几千多蹿到 200 万的。单论增长速度，在 YouTube 里是战斗机级别的。

他的游戏视频我看过，他的脾气相当和善。每次打游戏遇到断网等普通玩家崩溃爹毛的情况，老高都一笑了之。很多人关注他，不是为了视频，是冲着老高去的。

后来我才知道，前面这个故事也是老高转述的。它来自于《圣经》。

作为一个无神论者，当我看到《圣经》是无可争辩的世界第一畅销书的时候，我惊呆了。《圣经》被翻译成两千多种语言，一年销售6000 万册。

康熙曾感叹，万里长城从未中断过北方的战争，一座庙宇却挡住了塞外的百万雄兵。

信仰的力量之所以强大，因为信仰是人类对抗孤独的武器。

你想想，如果上帝真的存在，是人的样子吗？他到底讲什么语言？还是用心灵感应？其实很多人信仰的，不是定义中的上帝，是他心中的"朋友"。那个遇到困难会驮着他走，遇到伤痛会和他一起熬的朋友。这就是为什么我们总听到电视里讲"愿上帝与你同在"。这大概就相当于我说的，"自己和自己对话"。每个人相信的，都绝不是同一个上帝，都是自己心中愿意看到的那个"朋友"。

当然，你要非说上帝就一个，真实存在，那些是人心中上帝幻化的形象，我也没办法，我不和你纠缠 N-M 维度中，纠缠不清的概念。你要是一定纠缠，我就爽快地告诉你，"大哥，是我错了！"

90 后朋友们一般开玩笑不讲上帝，讲"愿原力与你同在"，真诚地讲了这么多年，还是没有成为绝地武士——我想下个月应该差不多了。

所以为什么当一个人不尊重对方信仰的时候，对方会非常不高兴，因为你直接说对方心中的"好朋友"是不存在的，和当着人家面，扛起对方女朋友就跑掉的效果是差不多的，自己品吧。

再举一个国内的例子。

是对《西游记》的一种解读，在樊登老师那里看到的。我对他印象深刻，因为我入坑抖音就是因为他对《西游记》的独特描述。樊登老师是我很喜欢的，但是他没有给我广告费，所以我就先夸这两句话。

《西游记》我们看了几十遍，四个人，一匹马，热热闹闹。

我们也知道，历史上真的有唐玄奘这个人，只是没有三个神仙徒弟和白龙马。

《西游记》中还有一个巧合的，孙悟空的筋斗云一翻就十万八千里，唐僧的取经路也是十万八千里。我小时候天天问家长，孙悟空为啥不能背着唐僧飞过去？剧情里说，凡人重千斤。家长说，背过去就全剧终了。

但是其实，如此默契数字的背后，表达了孙悟空是唐僧的心。孙悟空的能力，正好是唐僧到达终点的距离。只有一个人的心，才是神通广大的。你可以在内心世界与逝去的亲人对话，可以随意想象。比如我们来想象一下，这本书、天安门、北京大学、蓝翔、流口水儿在写书、你在读书。是不是要什么有什么？我在你想象里是不是特别帅？没错，你的想法很正确，继续这么想。

还有就是猪八戒，唐僧戒酒、戒肉、戒美色。猪八戒都替他爽了一遍。但是唐僧从来不骂猪八戒，因为猪八戒就是唐僧的欲望。一个人很难去批评自己的欲望。

还有就是沙僧，他的台词一般就三句话："大师兄，师父被妖怪抓走了。""大师兄，二师兄被妖怪抓走了。""大师兄，师父和二师兄都被妖怪抓走了。"

但其实还有第四句："大师兄你来了!? 先救师父！他就要被妖怪吃了！"

沙僧说话很有道理，但是存在感很低。这就是我们的理性，我们通常很少去理会它。大家再看看他说话，像不像 DDL 说话，"流口水儿你来了!? 啊，先写书！书要写不完了！"

还有就是白龙马，无论如何也要去西天取经。这就是唐僧的意志。

《西游记》，其实是唐僧一个人修佛的过程。人生往往也是如此，你看别人台前风风光光，门庭若市很热闹。他们在背后一个人修行的时候，我们是看不见的。

客观从容的心境，加上我们的想象力，可以让我们一定程度地缓解孤独。但人类终究是无法对抗孤独的，因为人是需要被认可的。我如果找到方法，会在以后的作品中和大家一起分享。

关于信仰，我没有资格发表任何态度。每个人都完全有权利选择自己的信仰，只要对社会有益，不要伤害别人就好。

这里插一句，我去过的一些寺庙，偶尔有拿上帝神灵佛祖欺负人的，你不花五百块钱烧香，对方就"不祝福"你。我姨信佛，有一次被一个导游大姐牵着鼻子走，带的钱都烧了好几把香了，我们的午饭钱都眼看要没了。我当然很着急地劝阻——我小时候吃顿汉堡包都是很奢侈的事情——怎么也劝不住，导游大姐还变相威胁我，阻止人们烧香火的人，下半辈子要变成哑巴。我姨一听急了，让我立刻闭嘴。得，不用下辈子，当时就变成哑巴了。大姐真厉害。我当时小，没有录音录像，没铁证，而且不排除这是个别事件，所以不说具体人和事。以后再遇到，一定录音录像，咱们抖音、知乎、公众号见。我想如果他们的神灵佛祖知道他们干这种事，应该会气得来找他们吧。

但是无论如何，如果不拿信仰去骗钱，是真心相信，而且信仰可以帮助你解决人生的很多问题，我觉得都是很好的，我从来不觉得有神论就不好，只要工作人员不用信仰绑架我花钱烧香。如果大家是无神论者，可以幻化出自己重要的人，或者自己与自己对话。真正能说服你的，只有你自己。

如果你们觉得这样太费劲，也可以想象一下，我今天在这里，第六天的凌晨 3 点。是不是很惨，开心点儿没？

我想吃海底捞，想吃麦辣鸡翅，想去 KTV，想睡觉。但是得写书。我想你能看到这本书，我是幸运的，我就希望可以多写几个字，能多向你讲几句也好。万一有一句话对你有点用处也是好的。也许你在家，也许你在图书馆，也许在宿舍，或者在地铁上。也许你一个人，或者你并不孤单。但是我的文字穿越千里陪着你，这是幸福的。我不是上帝，我不能驮着你；我不是先知伟人，凡是我说的可能都不对，凡是我做的可能也都不对；我经常犯错误，但是我愿意和你一起成长。这本书就是我的心意，也是你的影子。

最后，如果我们客观地分析，就会发现，一个人是很难和外界彻底切断联系的。你脚下总有东西，你旁边总有东西，至少还有空气。换一个思路，孤独往往也是一个机会，让你有精力去观察那些平时不去观察的维度。

6. 写在本章最后的话

我们感到难过，有千万种诱因。

绝大多数，都是觉得自己被不公平对待，引发委屈。

当你的努力是徒劳的，或者好心办坏事，你会委屈。当飞来横祸，你会委屈，想不通凭什么是我。

如果你真的做了坏事，杀人偿命，欠债还钱，你会觉得很正常，预期之内，不会委屈，也就不会很伤心。如果你的朋友为了救人，自己牺牲了，你会替他难过。如果帮助别人不仅没有被嘉奖，你会委屈。

所以，比起能吃苦，你到底能不能受委屈？

我们未来的路上，还会有很多苦难、不公和奇葩的突发情况，好比抽"盲盒"抽到老坛酸菜牛肉面，却没有调料包！

我们应该以一种怎样的心态来对待苦难和对你不公的人？

分享一个我曾经看到的，非常认同的观点：

不要反过来去感谢那些给你带来苦难的人。我们也不可能去感谢曾经的侵略者。他们不配。

我们要感谢的是，历经痛苦后，我们自我反思的勇气和自我改变的决心。

记住你的伤疤，它将是你的勋章。

写在"修身篇"最后的话

　　我从小就是一个喜欢热闹的孩子，尤其是喜欢回到农村，更加热闹。2000年的农村，没有柏油路，汽车是很少见的。能借一辆二手桑塔纳回去，算是"衣锦还乡"了。经过村口的老槐树后，左转，就可以看到爷爷家。

　　刚进爷爷家的门，我被院子里的大狗追着落荒而逃。

　　我最喜欢的就是过年的时候看到四处都是红灯笼，各种鞭炮，电视上随便换一个台就是《春节序曲》的欢快音乐。因为，我觉得只要这个《春节序曲》还在放，我的年就还没过完。

　　当时哥哥姐姐们都没有成家，我小学，他们初中、高中的年纪。我在同辈中年龄最小，大家都让着我、疼爱我。被十几个人关心的感觉，我只能说，很爽。

　　我很少回农村，每次去都能闻到炊烟。所以我特别喜欢炊烟的味道。

那个时候，我最喜欢小沈阳，因为他的"小损样"太骚太贱了。

我最喜欢吃铁锅炖出的猪肉，就是一种乡下的气息。后来再也没吃过了。

我小时候调皮，喜欢把小鞭炮丢进取暖的火炉里面，炸炉子玩。当然要被骂的，但是小时候调皮，大人不让做就更要做。还把炮仗藏进煤堆里，爷爷填煤的时候不知情，他会亲手把小鞭炮扔进去。我对自己"借刀杀人"的成果非常满意，即使会被胖揍一顿。爷爷非常害怕我，所以开玩笑说把我丢了算了。

临走的时候，我紧紧抱着大狗，坚定地对我妈说，不把狗带回去我就不回去。随后，被一顿修理，放开了抱着狗的手，哭着坐到了后排座位上。

这样幸福的春节，维持了很多年。

再后来，有一年回村子里，爷爷的老房子因为挡路被拆了。农村有了柏油路，大人们很高兴，但是我的过山车没有了。

再后来，哥哥姐姐都成家，有了孩子，围着我的人变少了，他们甚至可能春节不再回到爷爷家了。

再后来，那只大狗被一只狼狗咬死了。那是我和它认识的第五年，我本要为我的朋友报仇，但是那个狼狗的前腿和我的胳膊一样粗，头比我的头还大。我又拎着棍子悄悄溜回来了。

再后来，一直声称要丢了我的爷爷，我们把他弄丢了，再也没有人和我开这个玩笑了。一同不见的，还有村口的老槐树，据说因为太老了，又挡了柏油马路，村民干脆砍了。

我回去看到炕上只剩下半身不遂的奶奶，我是不相信的，我不相信人会死。我今天还觉得爷爷可能还在医院，没有接回家罢了。爷爷和那棵老槐树，从我有记忆起就一直在那里，我不相信他们会消失。

再后来，我大叔因病去世，比爷爷去世时还年轻。前一年大家还在一起很正常地吃饭。春节回去，我看到大堂哥和大妈，好像很正常，没有太伤心。可能他们已经默默哭过了吧。只是我还没回过味来。

再后来，给我压岁钱的人变少了，过来串门的亲戚和我讲话也从随意变得更加客气。那一年，支付宝集五福，我在朋友圈写了一篇2000多字的文章，抱怨年味变淡了。

再后来，我不喜欢放炮了，不知道为什么。

今年疫情，航班取消了，我过了第一个一家三口人的春节，春晚没看，也没注意有没有《春节序曲》。我在忙着给朋友发新年祝福，偶尔刷刷抖音。

偶然刷到一句话：不是年味变淡了，只是你不再是最幸福的那个人了。

我意识到，春节是一场大戏，前面是热闹，后面是踮着脚撑着幕布的人。我慢慢从前排观众，变成了要上场的演员。

我知道我永远都不会准备好。

我知道没人是准备好了的。

五天五夜写成四五万字的"修身篇"，一方面为了可以和大家交流成长，一方面也是给自己一个交代。

生活就像是打开一个个"盲盒"，无论得到的是什么，都会有些许失望。不可否认的是，人生本质上就是一个不断失去的过程。

我们就像是一盏不断灭灯的树，光亮每分每秒可能都在减少，最后会定格成树的某一条细枝，变成一条亮线。

我们穷尽一生，努力客观，努力理解，努力包容，努力强大，努力善良。

中卷

齐家篇

写在"齐家篇"前面的话

一部曲"修身篇"之后，我们来到第二部曲——"齐家篇"。

"修身篇"主要是介绍自我修炼、自我和解以及自我调节的方法——自己选的"盲盒"，打开了发现不喜欢，就要和自己和解。每一个人心中都有一个倔强、贪婪、懒惰、嫉妒、贪图享受以及短视的自己，这些"小恶魔"们让我们过得很爽，也往往让我们失去梦想。此外，还有一些选择和事情，多多少少会对我们产生影响，我们渐渐学会去客观看待，然后理解很多内部和外部的现象。因此我们会更加包容，而有力量去和"小恶魔""倒霉事""小委屈"和解。最后，包容＋力量＝善良。善良需要力量支撑，不是空中楼阁。

"齐家"是"修身"的后续，主要强调，我们可以和自己的意志"步调一致"，但是如何与生活中其他人"步调一致"呢？毕竟，人心隔肚皮。这不是说别人就是坏蛋，而是每个人的成长环境、利益诉求、价值观都不一样。回忆一下，我们与自己"步调一致"就已经很难，和其他人步调一致更是难如登天。即使是最爱你的父母，你想想你小时候和他们有几百次吵架，又在多少个夜晚出演过"二拳映月"。

因此，先讲述"修身"极其重要。"修身"是第一步，在"三部曲"结束后，也是最后一步。建议读者可以在读完全书后，重读一下"修身篇"，绝对有意外收获，因为自己对自己最了解和忠诚。但是谈自己战胜自己，永远是悖论和噱头。"和解"就是最终极的胜利。

其中很多技巧、方法只是捎带介绍，它主要强调与自己和解的过程。因为你所有的不快，所有的爱恨纠结，其实都是"你不放过你自己"。"放下自己"是很多宗教和文学作品的口头禅，但是对一个纠结痛苦的人，一直对他重复"放下自己"，是偷懒、不负责任，且毫无意义的。必须要明白"自己不放过自己"的真正逻辑，理解后，需要几个故事、几段经历的刻意体会，才能逐渐入门。

为什么在"齐家篇"开始前，写了1000字关于"修身篇"的内容？我当然是为了这本书能突破10万字，而凑一下字数。另一方面，我悄悄告诉你，"齐家"和"修身"是共同的，都强调和解。一个对象是自己，另一个对象是别人——比如，你打开的"盲盒"自己不喜欢，朋友却惊喜异常，你犯不着去和朋友吵个面红耳赤，你仅仅需要一个步骤，就是"换位思考"。但是"换位思考"是非常困难的，而且我们经常第一时间为自己考虑，所以更是难上加难。因此具体方法和段子，我们会贯穿整篇。"修身篇"中介绍了成长学的支柱逻辑，我们主要强调其中的"客观和理解"最多；"齐家篇"我们强调"包容，力量和善良"；"平天下篇"强调"客观和力量"，客观是逻辑支柱的精神出发点，力量是支撑逻辑链存在的现实基础。

与他人和解，步骤很多，接受一定的失败率。

在接下来的阅读旅程开始前，介绍几条乘客须知，旅途中也会再提：

◎攻心为上，攻城为下。不要意气用事。想想我都说过什么，不要只记得段子！

◎真诚是第一必要条件，别耍小聪明！我知道我说了10遍有人还是不听。

◎远离自私、不成熟的人，除非他还是个孩子。我们要学会给别人一个机会。远离屡教不改油盐不进的人，即使他是个孩子。

◎如何与对方"步调一致"？不要去改变别人，你主动调整自己去与对方"步调一致"，他就一定"不得不"与你"步调一致"了。

◎最后，"客观、理解、包容、力量、善良"，重要的事情强调97遍。

具体完成一个良性互动共有以下步骤：

第一步，先了解互动对象——人，或者说人性，以及人性背后的复杂，然后制定我们的策略。善良是其中的一种选择。（第一章内容）

第二步，如果我们选择善良，我们要如何善良，如何与朋友，家人相处，如何建立亲密关系。（第二、三、四章内容）

第三步，在社会互动中，由于维度扩张，需要修炼补充"修身"之道。（第五章内容）

好了，废话不多说，咱们先开始第一步——解剖人性。

第六章

人性本私？

——我们凭什么要善良

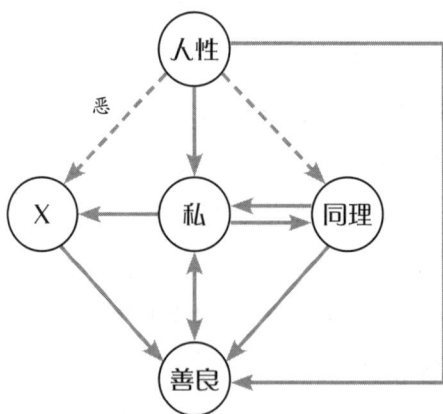

1. 阴阳之间，人性本何？

——复杂的人性

要强调与他人互动交往，必须先探究人性。

目前对于人性的看法，众说纷纭。

人性本私，人性本恶，人性本善等等，各有道理。有的连阴阳都扯进来了，还有的实在说不清楚，干脆表示人性本无。说"人性本无"是肯定没错的，但是这和"我不知道"是一样的意思，大家别笑。

所以，阴阳之间，人性本何？

人性之复杂，确实很难说清。因此我画了一张草图，希望可以尽量解释一二。起码为全书做一个参考。

首先，毫无疑问，人性在最初一定是自私的。这里不要和我讲什么我们要善良，我们要奉献，我们要牺牲。那是更高级的选择，是非常值得肯定的，我们也会提到，但是抛开基础感情反复强调这些，相当于用石头造氢弹。

地震中，妈妈护着身下的孩子，勉强发出"亲爱的宝贝，如果你能活着，一定要记住我爱你！"感动无数人。但是刚刚出生的孩子，好比一个小动物。比如你的一只小猫，你觉得他懂你，其实是你的一厢情愿。你一口一个"闺女"叫，它眼里就是一个人在哇哇乱叫。

人性本私，我们下一小节具体讲，不赘述。这也是八成人赞同的答案。果然如毛主席所说，群众的眼睛是雪亮的。图中人性唯一一个实线箭头就是指向"私"。

接下来最多的，就是人性本恶，支持者约占一成。就是荀子主张的"性恶论"，以批判孟子的"性善论"。这也是中国古代对人性的反思，一个巨大的进步。可以看到图中，"私"走到了左边的极端，就变成了"恶"。"人性"指出虚线，人性本恶，是由于人性本私间接造成的。但是古时候谈善恶、阴阳比较多，还没有太多谈到"人性本私"。西方提到会比较多，其实自私不是一个很贬义的词语，反复强调是"中性客观"的。一味地对"自私"避而不敢谈，才是真"贬义"。但是无论如何，相比对于"善"，"私"与"恶"的相似度更大。

这里总结一下中国古代思想家对"人性"的参悟历程。

首先，大家应该记得《家有儿女》中，刘星提到的孔子之前有钻子，后来我没有搜索到这个人。

之后就是孔子，《论语》当时没有具体涉及人性论断，但是可以看到"仁"和"爱"是孔子强调的主旋律。

这也为之后孟子的"性善论"打下基础。孟子被大家认为是孔子的追随者。

之后就是荀子，他用"性恶论"挑战孟子的"性善论"。

到了西汉及以后，董仲舒、王充、韩愈等人的性三品说将人性的上品与下品看做不变的至善和至恶，唯有中品之性可以通过教化和学习改善。

唐朝的李翱认为本善的"性"被外界所"惑"的恶"情"遮掩而不能显示其善性，故他以"寂然不动""感而遂通"的复性为去恶情恢复善性的途径。

北宋的张载将人性分为先天善性的天地之性和后天善恶混杂的气质之性。他以"变化气质"为恢复本有善性的途径，以此进行"善返"的道德努力。

南宋朱熹承接了张载的一心二门式的人性复性论，提出历史上著名的主张"存天理去人欲"。

明代王阳明有感于先天之性与后天之情区分的裂痕，把心学推向极致。心学家的心、性、理合一思想虽不同于理学家的性、理二分，但它是把一心之性情合为一体，直接通过向"心"致良知的复性努力，力求由善恶混杂之"情"向纯善的良知善性复归。

好了，以上就是当年我看《武林外传》时，吕秀才在同福客栈的后厨跟我讲的。当然，我和很多读者一样，就是李大嘴和莫小贝的水平。所以我下面给大家翻译一下，主要抽象出两点。

第一点，几千年过去了，各朝代思想家基本认为人性有善有恶，可能分为先天后天，但都是有善有恶。所以人性并非脸谱化的有善恶之分，它是中性的。一言以蔽之，就是"人性本私"。我苦口婆心这么半天，查历史、讲道理、举例子，你要是还不同意这个观点，我们没法做朋友。

第二点，所有人都在做一个努力，就是尽量去改掉大家身上的恶，弘扬大家身上的善。各位思想家也是在自己领域非常出色的代表，自己也知行合一地在修炼。但是为什么其中绝大部分没有深入人心呢？没有成为主流价值观呢？

因为他们不懂得"换位思考"。

作为大思想家，他们代表的是当时的主流统治者，希望帮助统治者更好地治理国家。

他们所有的观点，都希望"改造"大家。

尤其是"性三品"还把人分成三六九等，表示一部分人不可救药，甚至无法改造。

这直接违反了他们天天说的"以民为本"。即便是再普通的公民，都应该被充分尊重。自己有文化，有思想，或者自己是统治者，就要直接"存天理去人欲"。短期效果好，长期不可持续。当统治力和影响力消失后，主张的思想也随时消失。

天子犯法与庶民同罪。

他也是人，你也是人，凭什么随便改造人家？你是灭霸还是钢铁侠？

21世纪了，我们应该主张，要充分尊重每一个人的性格，经历和感受。如果每个人都知道什么行为会引发什么后果，并且准备好去承担，比如杀人偿命，欠债还钱，那就可以了。如果社会出现某一种事件，就应该去调整社会规则。比如电信诈骗，那是因为电信诈骗成本低，打击犯罪非常困难。比如伤医案，一方面患者存在"刚性兑付"心理，一方面国家给医生的政策确实应该调整，现在医生太辛苦了，大家都是人，职责所在也不是人家生下来就欠社会的。

法规防范错误就像堤坝防范洪水，你见过有人在洪水来了，跑去和洪水讲道理，让它放过下面的村庄吗？

在健全、有效的法律框架内，充分尊重每一个人。

"存天理去人欲"不是尊重，那是思想家的傲慢和统治者的偏执。所以我们可以看到，孔子根本不去发表主张改变别人，自己仁和爱就可以了，他改变的更多是统治者而非平民，提醒各诸侯"苛政猛于虎也"。

我们应该尊重每一个人的基础欲望，我们理解人性之恶的一面，我们感激人善良的一面。我们去向大家剖析人性，介绍现象并且解释背后的本质，防止大家出现"误判"。

这也是本书一直贯彻的，不去"改造"读者。"陪伴"大家，就是我的全部诉求。

下面我们来继续解说这张人性的"地图"。

首先，"人性"直指"私"，表示人性本私，不赘述。左边的极端是"恶"，右边就是"同理心"。是说人后天的经历和教育，使人懂得去换位思考，其概念几乎接近"同情心"。我们不是杠精，所以不细究概念，感兴趣可以去网上搜一搜。之后，同理心生发出了"善"。

善良不是一种心理，是一种选择，或者经常去选择，就变成了一个策略或者性格。可以看到图中的虚线，因为"私"生出了"恶"，所以间接造成了"人性本恶"。"私"又间接生发出"同理心"≈"善"，所以图中虚线告诉我们，间接产生了"人性本善"。其中还有"恶"指向"善"的箭头。"恶"当然也是一种选择。但是"恶"是一种短期的力量，而"善"是长期的。活得过长期的策略，不一定是好策略；活不过短期的策略，一定是个坏策略。不要远离"恶"，它也是一种力量，没有它的"善"是没有力量基础的。我们第三小节会介绍。

这大概就是地图的全貌。有"人性本恶"，也有"人性本善"。最直接还是"人性本私"，"私"是发出箭头最多的位置；"善"是接受箭头最多的位置。

这是复杂人性中，一张清爽的简图。

2. 人性本私，阳生于阴
——自利心理与同理心

古人经常把善良、仁厚比作"阳"，把恶和阴险比作"阴"。

咱们也借用一下。但是和古人阴阳相克、阴阳对等不同的是，我们认为阳生于阴。"阴"是一切的基底，如何在这之上，出现了"阳"？不论《易经》怎么讲，咱们这里只是借用概念，和他们机理不同，不能放在一起讨论。

就人性来说，人性本私是主旋律，在上一节介绍过。这就是"阴"属性。但是如果说一切行为都"完全自私"，肯定是不客观的。地震中为孩子牺牲的母亲，灾难中为人民牺牲的消防员和医护人员，在战争中捐躯的人民英雄，这是穿越初级"人性本私"之后的高级情感引发的行为决策，这就是"阴"面之上，我们看到的"阳"。

"阳"是怎么来的呢？"阳"是我们通常所说的善良、牺牲，这就来自于同理心，也就是将心比心或者共情，一般会支持我们做"损己利人"的事，或者不去做"损人利己"的事情，但是整体的社会效益是增加或者不减少的。

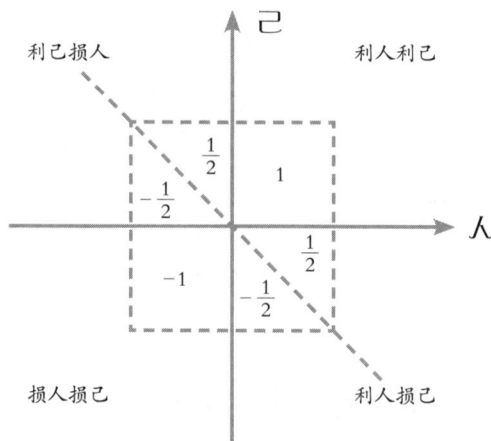

如图，有四种情况：

利人利己，比如你给流口水儿同学讲题，我学会了，你也提高了，这就是利人利己。如果考虑心理成本，施舍也是利人利己，施舍的人心里会有正向效用。比如你有五个苹果吃不完，你给我一个你正好够吃，咱们俩都开心。

损己利人，比如自己写不完作业，还给别人讲题，就是损己利人。当然了，如果你就一个苹果，你还给我了一个，你没苹果吃，那就是损己利人。

损人利己，你明知道他也写不完作业，还逼着人家给你讲题，就是损人利己。

损人利己，你们正在期末考试，你忽然起身，大声讲一道最简单的题目为什么选 A。全班都要重考，你被退学，这就是损人损己。

此外，可以看到斜线右上方就是社会效益最大的地方，也是每个社会的管理层希望达到的水平，社会正效益是 2。在这里，民众和管理层的利益是一致的，因为谁都可能需要牺牲自己成就他人，也可能因他人的牺牲而获得正的效益。

如果只有"阴"，大家只会做利己的事情，就是上半部分，社会效益是 1。

如果是极端的"阳"，就是大家一定为别人好，不为自己考虑，这是图中右侧面积，社会总效益是 1。和大家都自私，效果是一样的。这就是很多鼓吹只为别人，不为自己的主义的结果。你想，一桌人吃饭，如果每个人都觉得自己吃了就反胃，一定要让别人吃掉，最后谁也不会吃。因为珍馐美味在他们看来是毒药砒霜。图中告诉大家，仅仅强调牺牲和奉献，绝对是矫枉过正的。

最后一种情况，斜线的左下方，社会效益是 -2。这种情况只出现在小说中的"地狱景象"。因为损人损己在现实社会中不存在。有人会问，恐怖袭击、报复，是不是损人损己？其实不算，因为每一个行为背后都有意义。恐怖袭击可能是为了博取政治上的好处，报复可能是为了满足某种心理需求，世界上不存在广义"损人损己"的行为。

从"利己"到"利人利己"，需要人们一定程度地牺牲自己的利益。此时就需要"同理心"。

同理心可以让我们将心比心，更加理解别人的感受，绝对的同理心可以和对方感同身受。这样，在"损人利己"和"利人损己"的时候，可以选择社会效益最大的决策。获益者当然高兴，也可以感同身受利益牺牲者的苦恼。利益牺牲者虽然有成本，但是可以感受到与获益者相同的愉悦。比如，我们被打屁股哭了。妈妈会哄我们说，虽然我们屁股疼，但是妈妈心里也一样疼。这就是某种意义的感同身受。可能后来我们才发现，妈妈的心比我们的屁股"耐疼"。所以，下一章我们会介绍"欺骗"。

此外，同理心的例子还有很多。我们去施舍乞丐，我们去水滴筹捐款，或者耽误自己吃饭给患者看病。同理心更强的，比如父母对子女的付出，或者把生的希望留给别人，也就是前文提到的牺牲。这就是我们看到的"人性本善"的现象。

有了"同理心"，是否可以认为，"人性本善"是可以对抗"人性本恶"呢？答案是不可以，就像地图上讲的，"恶"与"善"都是"私"的产物。没有自私的感觉，就不会用同理心。

因为，我们看似在同情别人，实际上在同情自己。

你想想，如果一只蚊子，当着你的面，莫名其妙腿掉了。你爽。

再想想，如果一只小狗，当着你的面，莫名其妙腿掉了。你惊了。

再想想，如果一只小孩，当着你的面，莫名其妙腿掉了。你直接吓死了。

为什么？孩子的腿是腿，小狗的命就不是命吗？其实是因为，小孩离我们"最接近"。然后是小狗，最后的蚊子"离我们最远"。所以我们不担心，我们会去救小狗，但肯定没人救一只蚊子。可是如果从上帝视角来看，小狗和蚊子没什么区别。我们是人，我们是主观的，所以我们的恐惧和自私，也是主观的。

确切地说，我们害怕今天的别人变成明天的自己。包括父母对孩子，孩子对很多父母来说就是"明天的自己"，所以会倾尽心血。此外，老师看孩子会想到自己的孩子，医生看病人会想到自己的老父亲，等等。久而久之，就形成了同理心。也形成了条件反射，在别人需要的时候，给予力所能及的帮助。但这样的同理心的行为，是基于"人性本私"的。有的时候，我们同理心用得多了，慢慢就忘记了"自私"，变成条件反射。比如父母舍命救孩子，这个时候"明天的自己"受到威胁，指令会优先让父母去救孩子，来不及考虑自己的安危。但可惜的是，每个人最多只有一对父母，好好珍惜他们。

总结一下，如果我们认为"恶"为"阴"，"善"为"阳"。阴阳是不平衡的，讲阴阳平衡是为了"说着好听"，阴阳经常不平衡。这里只是借用概念，大家"领会精神，说话听音"就好。阳生于阴，就像"善"生于"恶"，其背后是同理心生出"善"，自利心理生出"恶"，而同理心也是有自利心理生发出的。

因此，我们讲阳生于阴，善生于恶，人性本私。

同时我们可以注意到，阳生于阴，不代表阳弱于阴。绝大部分的自利心理是要强于同理心的，但是对于父母、老师、医生、战士、消防员展现出的极高的牺牲精神，就是同理心占主导的情况，也时有发生，大家有一个整体判断就好。

3. 宇宙之底色，力量的源泉
——你必须了解的阴暗面！

大家先思考一下：宇宙的底色是什么？

黑的，白的，亮的，还是红的？

第一和第二小节，已经解析了人性的图谱和人性本私，同时探究了阳生于阴，"同理心"生于"私"。本章任务已经完成，但是这一小节，是全章的"力量基础"。

因为我们所处的世界，不是完美的。说直白点，现实世界是有"摩擦"的。阳光照不到的地方，就会有阴影。

街上有 30 套房的收租老大爷，不可能像亲爹一样对你。有钱的阿姨，也只会给她儿子发红包，不会像亲妈一样对你。所以我们要做的第一件事，就是如何在人性本私同时也有同理心的世界中生存下去。我们需要力量。

还记得宇宙的底色是什么吗？

宇宙的底色是黑暗。

我们相对于地球是尘埃，地球相对于太阳是弟弟，就算是太阳，也是浩瀚宇宙中的一粒尘埃。大家算算，我们是尘埃的负几次方？

宇宙中黑暗是绝对的底色，99.99% 的地方，都是绝对黑暗下的绝对零度。

人性也一样，76 亿人，只有 2 个人是你的父母。能真心放弃自己很重要的东西为你好的人，配偶、好兄弟、孩子，假设他们对你永不背叛（这非常难）。最后，对你绝对忠诚的人，占世界总人口的不到亿分之一。一个亿是什么概念，一秒钟过一个数，需要过三年两个多月。不是一定要渲染黑暗，但是你还觉得自己身处光明吗？你知道洛克菲勒第二个儿子，哈佛大学毕业生，可能是死于食人族之口吗？很多事情，不是想象中那么顺利和美好。

平时，和我们接触最多的人，都是熟悉的人。所以看起来是光明的，但那是近处，远处的事情，还是要客观看待。如果你一辈子在父母和朋友身边还可以，如果外出探险呢？你觉得暴脾气的上级、刁钻的客户、性格古怪的邻居，和"食人族"有没有本质区别？

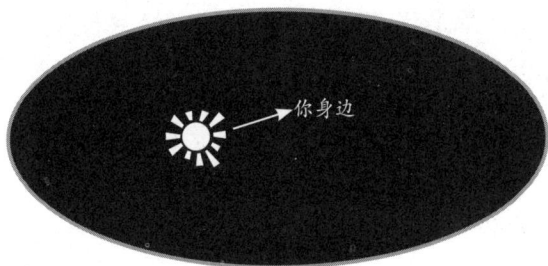

所以，我们必须首先认识到黑暗，然后去理解黑暗，最后了解黑暗的力量。而力量是与他人"和解"的前提。

力量一方面与你的实力相关，实力大部分由我们的社会地位决定。另一方面，就是你展现出的心态能量和精神力量。我们认识到黑暗之后，要理解黑暗。第一、二节中，人性本私已经告诉我们了。而如果你和对方没有建立良好的联系、情感羁绊或者利益相关，那么对方的态度不可能让你如沐春风。因为对方没有动机让自己的同理心发挥作用，只剩下私心。

利益相关还是决定于各位的实际实力，这本书不可能直接让大家升职加薪，所以之后我不再提。但是这本书可以帮助你在一定情况下，迅速与他人建立情感羁绊。

但是即便有一定的"情感羁绊"，也不能掉以轻心。这就是所谓"害人之心不可有，防人之心不可无"。虽然都知道对，但是只有被坑过，才能真切感受。有些时候，不信任是很正常的，不必觉得不好意思。动不动就称兄道弟的是二百五。你脑门上又没刻上"真诚"二字，凭什么要求别人无条件相信你？

当然了，我们要注意应对的方式方法，你过于多疑，就别交朋友了。

下面我以著名的"七宗罪"为例，讲讲阴暗与反制措施。

性欲、暴食：都是基础欲望过于强烈。经常看到电影里面，上级威逼利诱，要占有女下属。"修身篇"中讲到，自己有欲望可以和自己"和解"，让自己专心正经事业，或者起码不要伤害别人。那么，别人对我们有想法，怎么办？

有人喜欢就坡下驴，人称身体上位。也有女侠一记"断子绝孙腿"后，潇洒辞职。我们既不愿意牺牲尊严，也不愿意潇洒辞职，怎么办？其实，吃不到的葡萄才是最甜的。这个时候，可以去学习一些"话术"（目前时间不允许我现学现卖了，未来有机会我去学习后，帮大家科普）。在对方提出需求时，一定不能明确答应具体时间地点。一直使用婉拒的方式，当上级略微生气的时候，可以把话说松一些。总之就是"说软话办硬事"，行为上坚决不能过界。同时快点去换工作！

贪婪、懒惰：说白了就是想要"不劳而获"或者"少劳而获"。贪婪的人往往喜欢冲在前面，那你就让他冲在前面。很多时候"权责是对等的"，他们一股脑冲进去的，很可能是"红海"（竞争压力大而收益低的领域）。比如吃海底捞，一开始大家都抢，肉还没熟就吃完了，回去准拉肚子。你把自己的节奏后置半个小时，大家吃饱了，你可以安心煮熟再吃，再也没人和你抢了。

懒惰就是落在最后，把压力转移给别的"聪明人"。对于这样的人，可以采取恐吓策略。告诉他，自己走在最后，没有人会帮他，自生自灭是理所应当的。比如，我一个学生会主席朋友，说他见过有一个班的挂科率居高不下，挂科多了是要被退学的，辅导员和老师也有很大压力。所以辅导员和老师就天天去"擦屁股"。结果越擦越臭，很多同学就等着辅导员去协调帮助。辅导员只是兼职，不可能顾得过来好几个没有主观能动性的同学。后来，辅导员放话不管了，这个班至少3位同学因为挂科退学是大概率事件，具体是谁，你们自己努力吧。后来，效果拔群，后面的同学争先努力，挣扎过了及格线。

傲慢、嫉妒与愤怒：就是明显没有客观看待世界，因此没有摆正自己的位置，所以才会傲慢；因为自视甚高，当别人比自己优秀的时候，就会嫉妒；当别人不够尊重自己的时候，开始愤怒。比如以前，我觉得自己全天下最牛，当我有一天骑着三轮车在街上飙车，有一辆兰博基尼慢慢从我身边超车驶过，连喇叭都没有按。傲慢的我就怒了，因为它竟然敢超我的车。我一顿加速还是没有超过他，于是我内心非常嫉妒。这个简单的故事，同时包含三宗罪。遇到这样的人，尽量少接触，等社会的成长之拳帮他们按摩一下扭曲的心灵，你再接触。如果不得不接触，一定要给对方面子，利用对方极高的自我认可，达成一定的"交易"，给他面子你留里子。

关于嫉妒，我们多讨论一下。很多恶性事件，都是由嫉妒引起的。曾经的校园投毒案，被害者变成智力障碍，只有三岁智商，投毒者要么重刑，要么逃亡海外，现在仍然触目惊心。即使是目前社会中，据我观察发现，从几岁的孩子，到几十岁的老年人，嫉妒不曾远离。

正因为存在极为广泛，生活中大家对"嫉妒"的描述很隐晦，谁也不敢多讲，类似于"皇帝的新装"。嫉妒每个人多多少少都有，我们不应该逃避或者虚伪，应该勇敢去面对它、看清它、和解，并且利用它。

认为嫉妒可以有助于督促自己，从阴暗中获取力量的人，不在少数。我们小时候看的很多反派英雄都是这样，他们阴暗，他们狡诈，他们往往在开局时受到不公正对待，所以"黑化"。因为憎恨和嫉妒，所以反而获得永远强大的力量。《龙珠》中的赛亚人要愤怒，《楚汉争霸》中的刘邦要阴险狡诈，《火影忍者》中的班、辉夜、宇智波一族的诅咒等等，都是需要憎恨等阴暗面的力量。

其实小孩子看故事，他们不羡慕英雄，他们喜欢反派。

大人们知道为什么吗？

因为反派更真实。

很少有故事是悲剧结尾，基本"王子和公主从此过上了幸福的生活"是一定的。但是生活中，谁是王子呢？公主在哪儿呢？我们往往就是那只被生活暴击的"恶龙"。

每一个美好的寓言故事，看似是弘扬正义，实际上是鼓励黑暗。因为正义胜利得太虚伪，我们反而同情那些反派。

这就是 2019 版《小丑》为什么热播。

这就是讲了 5000 年的真善美为什么没有带来世界和平。

不可否认，利用阴暗，可以扭曲价值观来使得自己更加专注于事业。但是这种扭曲的代价是，你换来的东西可能不是你当初想的那样。也就是说，出来混是要还的，一旦切换回客观的价值观，你会不幸福。你可以利用精神力量，扭曲一辈子，但是这个概率能有多高，你需要承担多大的代价呢？

最后提到一点：背叛。它的近亲还有欺骗。前面我在妈妈打孩子屁股还说自己心也疼的例子中已经提到。背叛是非常令人恼火和痛心的。一方面它给你带来实际的损失，一方面它表示你付出的信任被侮辱。有的时候"墙倒众人推，树倒猢狲散"，危机不爆发，你还很自信，一旦真发生了，才知道什么是"人情冷暖"。有的时候，你重点投入感情的朋友出于种种原因，在你倒霉的时候，没有出手帮助你。甚至也有因为误会或者其他原因，反而你非常信任、无话不谈的朋友，站到了你的对立面。但是你也会发现，曾经无意帮助过一些人，真的连自己都记不清楚或者是一件很小的善事，这些人会为你挺身而出。

什么叫"患难见真情"？这种事情，越年轻经历过越好，你看别人的故事，始终有一层窗户纸。经历过这种情况，我们才知道当年刘备说的"勿以善小而不为，勿以恶小而为之"。平时摆正姿态，把该做的事情做好，能帮的忙去帮帮忙（帮该帮的人）。就像行善积德，给自己上一层保险。在你有一天时运不济的时候，绝对是可以救命的。

法律可以保护我们基础的人身安全。但真相是，你不可能什么事情都对簿公堂，而且法律有它的"滞后性"，有很多法外之地的情况，我们没法保护自己。欺负你的人给出的"罪状"，都是欲加之罪，没人会给你一个公正，除了你的亲人、朋友。

我们不能否认阴暗的力量。通过扭曲认知，确实可以短时间在局部增强力量。

但是理解阴暗，我们也会有力量。当年善良的时候，你知道对方可能傲慢、愤怒、嫉妒、欺骗、背叛、软弱。理解对方与你的不同，才能更好地和对方"和解"，甚至"以战促和"。

恶是不输给善的力量，我们应该去了解它，才能让善变得更加强大。

恶往往注重短期的收益，善注重长期的策略。如果没有活过短期，谈长期是没有意义的。

本书篇幅有限，如此重要的话题只能提到几千字。而且我目前阅历尚浅，实际经历极少，加上这是不容易拿上台面的东西，写起来真的心很累，怕别人误会自己，怕表述不清误导别人，也一定有人会站在道德制高点，以偏概全地给别人扣帽子。

就算有些人真的修为极高，不是道德绑架，也应该理解普通人的想法。靠慈悲，几千年了，也没有度完众生。你扇完左脸给右脸，76亿人，一秒一巴掌，每天被打8小时，要打720多年。距今720年前，还在北宋年间，灵魂都给打没了。匈牙利人曾经做过统计，统计日期从二战结束后截止到 1983 年 12 月 31 日，地球上完全没有战争的日子是 26 天。

"恶"的概念，不应该避而不谈：刀可以切菜、防身，也可以杀人夺命。比起管制刀具，想明白用途最重要。

杀人的不是刀，也不是铁匠。

是人，也是心。

4. 聪明一时，糊涂一世

—— "恶"的前途

上一节中，我们开诚布公地讨论并且认可了"恶"的力量。其实"恶"不是"坏"，它是一种方法或者策略。比如欺骗，你说"善意的谎言"，到底是不是"恶"？

"恶"尤其在短期具有更强的力量，"善"是一种长期高收益的策略。因为不能超越短期，也就无从谈长期。所以，人们才常常说"人善被人欺，马善被人骑"。

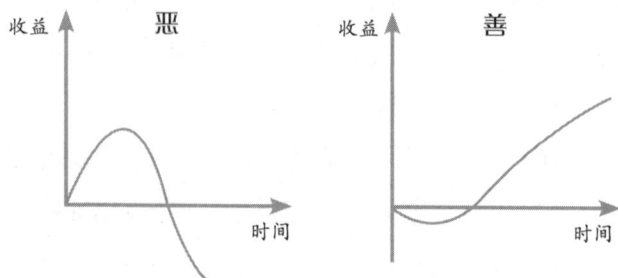

大家看到，"恶"在短期有很高收益，但是长期亏损。比如，你短期借钱不还，长期就没有人愿意借你钱了。

"善"是长期，比如你经常帮助别人，大部分人都白眼狼，不记你的好。但是当你危难的时候，有几位兄弟仗义出手。比如《水浒传》中排行第十的"小旋风"柴进，咱不需要能文能武，咱就朋友多。

正如林肯说过：你可以在同一时刻欺骗所有人，也可以在所有时刻欺骗某些人，但是没有人能够在所有时刻欺骗所有人。

讲到这里，大家已经知道，"恶"是不可持续发展的策略。大家可以百度一下酷吏张汤，算是一个不太恰当的例子。所以还是那句话，别耍小聪明！

什么是小聪明和大智慧的差别？网上说了一万遍，各有说法，我给你一个思路清奇而且深刻的解释。

有些人不成熟，自以为聪明。有的人真的聪明，他领悟很多东西都比其他人领悟得快。但是这样的优势，最多只存在于一时。在一段时间后，大家就会知道事情的情况。而且如果你利用这个时间差，耍小聪明为自己谋利，别人也会知道。久而久之，别人就会疏远你。这就是为什么有些人觉得自己能力强、智商高，领导就是不喜欢你，大家就是排挤你的原因。你"想法太多"。

别以为别人没你智商高，就是二百五了，这不可能。为了让大家深刻了解，我举一个亲身经历作为例子。你们应该从中看到，涉及阴暗或者负面的东西，我很少乱举例子，乱讲段子。所以我能举自己的例子，真的是牺牲奉献了，大家好好看。

我小时候满肚子都是小聪明。我妈会给我买"金帝"巧克力——那是90后的记忆，现在的孩子都吃"费列罗"了，他们不理解90后的"金帝"，就像我们不理解60后的东方红自行车。当时我妈每天只奖励我吃一块巧克力，大小和指甲盖差不多。还没有尝到味道，就化了。所以我肯定得找到巧克力的大本营啊。

有一天我找到了。虽然我当时只有六七岁，但是非常沉着冷静。我回忆起上次我得意扬扬地告诉我妈我发现了巧克力的藏匿地点，她不仅没有奖励我，还说了我一顿。所以这次我按捺住不能分享喜悦的痛苦，偷偷吃了一个，并且为了防止被看出来，还包了卫生纸团进去，再把"假的"巧克力放回去。

后来有一天，我妈笑眯眯地问我，是不是偷吃巧克力了。我说："不知道，别问，问就没有！"我妈又把巧克力包装和卫生纸团放到面前，说："现在呢？想起来了吗？"我说："是不是圣诞老人干的？"面对我妈逐渐凶恶的眼神，我选择坦白从宽，立即便转身，撅起屁股，准备挨打。后来我就再也找不到巧克力藏哪儿了。

后来我"智慧"了。我会把巧克力分给我的好朋友吃，然后我回家告诉我妈妈我把巧克力给朋友了。当然，这我不能撒谎，确实给了。所以后来，我妈知道我分享给朋友，鼓励了我，于是给我一天三块巧克力，让我不能小气，对同学一定要大方。我当然会大方地给我朋友一个，自己吃两个。

不过，苍天饶过谁？后来发现有蛀牙了，"金帝"就没有了。谁也玩不过老天爷。

这个故事主要说明，聪明关注短期，智慧注重长期。比如短期为了吃巧克力，就瞒报偷吃。长期为了友谊，反而得到了妈妈的支持。但人算不如天算，后来还是蛀牙了。不过后来想明白了，我主要是为了防止我朋友吃太多，所以我为他牺牲了，希望他看到这个故事，可以表扬我一下！

所以，聪明只能一时，糊涂才是一世。我们相对别人的很多优势，都不是"永恒"的，有一天别人一定会赶上。哪怕真的神不知鬼不觉，有很多我们算不到的因果联系会变成"负反馈"惩罚我们的很多不合适的行为。我当时6岁，怎么可能知道吃巧克力会蛀牙呢？明明说的是吃糖会蛀牙，这能一样吗？所以为什么说"人在做天在看"，客观来看是很有道理的。

一个谎言需要一百个谎言去圆。"恶"得越多，越需要高超的技术和操作，纵使你机关算尽，可常在河边站哪有不湿鞋？一旦你的优势"时间差"消失，就会前功尽弃，一夜回到解放前。到时候，世人反而会对你有一个更坏的误判，你百口莫辩。

大人和孩子的差别是什么？

其实事情什么样，大家都能看出来。

但是大人看到了，他们往往假装没看到，表示自己眼神不好。孩子看到了，一定要大声讲出来，表示自己聪明、不好骗。

所以，既然不能聪明一世，不如就糊涂一时。

5. 让人欲罢不能的小龙虾
——善良不能是空中楼阁

上一小节，介绍了"恶"的前途。

我们明白了，"善"和智慧还是相对可持续发展的，说白了就是别耍小聪明。

我们从小被教育，做人要像水一样，上善若水，无色无形，包容万物。

但是生活中，我们谁都不是"得道高僧"，可以看空一切。即使是"百变怪"，也会经常遇到"臭臭泥"。

还有最重要的一个原因：当我们被问到喜欢吃什么、喝什么，没人说自己喜欢喝白开水或者吃冰块。

还记得《西游记》里面的沙僧吗？天天"钉钉"给孙悟空："大师兄，师父被妖怪抓住了，快救师父！"完了还发一个实时位置。但是大家喜欢孙悟空大闹天宫，女儿国一劫也被世人传为佳话，而没人喜欢教科书一般的沙僧。

这就是为什么建议大家，做人就做小龙虾！也许我 90 岁的爷爷不喜欢小龙虾，也许我 8 岁的表弟不能吃麻辣的，排除这些极个别的群体，小龙虾的粉丝绝对具有极高黏性和力量。只要尝过一口，绝大部分人都会欲罢不能地爱上小龙虾。

小龙虾纯洁吗？不可能，你看看麻辣小龙虾的样子就知道，又红又辣，不健康。但是好的小龙虾有自己的底线，就是它一定是白鳃的，大家才敢吃。

即使是看到"麻辣小龙虾"五个字，可能很多有经验的读者就流口水了。

就是它又红又辣又不健康，但是又有自己的底线。张牙舞爪的小龙虾头后面，是一段白嫩的尾巴。每一口香辣刺激下带来的烧灼感，促使你本能地去伸手抓住下一只。有人剥开虾，吃了肉，甚至要去舔盘子。

这个使得我们欲罢不能、无法自拔的东西，是善是恶？是阴是阳？

白鳃干净看起来是善是阳，红油麻辣看起来是恶是阴？

正像我第三节讲的，善良也需要了解恶的力量。没有力量的"善良"是空中楼阁。

上一小节，我们说一个谎言需要一百个谎言去圆。

但是其实，很多"小谎言"或者说"小恶"还是很普遍的，记得一个心理学的课堂曾经讲过，生活中谎言比实话更多，大部分是不经意的。比如小时候，你明明没写完作业，你妈妈问你，你说写完了。再后来，你明明偷吃巧克力，你妈妈问你，你说不知道。长大后，晚上 11 点，你刚刚下班，买了一个煎饼果子当晚餐，父母打来电话，你说你挺好的，在吃海底捞呢，还把前几天和玩具熊吃饭时候的照片发给他们。父母看出来那是中午吃饭的照片，光线不对，但是没有揭穿，嘱咐两句挂断了。

所以我们千万不要变成一个"刚直无比"的"较真狂魔"，去纠结"茴"香豆的四种写法。

我们讲了人性本私，我们讲了善恶和阴阳。

一开始我们客观分析什么是好的，什么是错的。后来我们去理解，"善""恶"都有自己的意义，阳生于阴，"善"离不开"恶"。

最后我们要知道，阴阳同体，善恶难分。这里给大家准备了两个令我回味至今的故事。

第一个是我在《百家讲坛》看到的，讲到"欺骗"。

曾经有两个瞎子，小瞎子和老瞎子。战乱年代，小瞎子刚刚因病失明，不能接受。正欲轻生的时候，遇到了老瞎子。老瞎子救下他说，"我这一把琴是高人所赐，只要弹断 2000 根琴弦，里面就会有治好眼疾的方法。我已经弹断了 1000 根，还有一千就可以得到解救，你不如随我一起？"

小瞎子一看眼睛有救，开开心心随老瞎子闯天涯，四处为路人弹奏，把欢快的音乐带给战乱中的人们。后来，老瞎子年事已高，越发加紧弹奏，终于断了 2000 根。他和小瞎子兴高采烈地跑到药房。

老瞎子说："你在外面等一下，我带琴进去，让伙计看看神符上有没有药方。"

进门之后，老瞎子拜托伙计抓药。

伙计说："老人家，这是一张白纸，不是神符，您眼睛看不见，上面什么都没有。"

老瞎子慌了，"怎么可能!?"

"我当年也是跟随我师傅，他说只要 2000 根弦断了，神符自然会有字的！你再看看，我努力这么多年，上天一定看得见！"

伙计说："老人家，我真的没有看见啊，谁也看不见啊。"

其他几个伙计过来，也告诉老瞎子什么都没有。

这时老瞎子才死心，万念俱灰地往回走，他觉得世界都坍塌了，尤其是不知道和小瞎子怎么交代。回忆起当年，他失明之后也是想不开，可能他的师傅是骗了他。如果现在告诉小瞎子真相，他会不会继续寻短见？

回到门口，小瞎子迎上来，"师傅师傅，怎么样，方子呢？我们终于可以看到天上的太阳了！您开药了吗？"

老瞎子顿了顿，犹豫片刻，说："徒儿，师傅记错了，要弹断 5000 根。师傅对不住你，师傅记错了。让你空欢喜一场。"

小瞎子顿感失望，"啊，师傅。怎么会这样？"

然后又想到了什么，"没关系！师傅，我们继续弹下去。你年龄大了，以后我弹琴你听就好了。我一定让你在有生之年，看到光明。"

此时，老瞎子已泪如雨下，说："没事孩子，师傅年龄大了，你有这份心就够了！"

顿了顿，接着说："孩子，师傅对不住你！"

小瞎子自然听不出其中的意思，接过老瞎子手中的琴，扶着老瞎子继续赶路了。

……

多年后，老瞎子去世了，小瞎子也长大了。长大后的他不叫"大瞎子"，他变成了小有名气的盲人琴师，也有了几位学生。

一天，他和学生赶路，遇到一个弃婴。捡起发现，弃婴的眼睛看不见。学生说，咱们丢了吧？太累赘了。

琴师想起了当年的老瞎子，抚了抚琴，说："留下吧，不妨。我师傅曾留下了一把琴，是高人所赐……"

这是一个很经典的故事，大家对于老瞎子是否应该说谎也各有判断。"希望"和"真相"哪个更重要，是我们永远无法做出的判断。因为我们没有失明，我们没有弹琴，我们永远不是他们，我们没有资格评价别人。

老瞎子的谎言和两次语重心长的"师傅对不住你"，我们看到的是善良。

还有另一个故事，是小时候《漫画世界》里面《莫林的眼镜》的大结局。

主角是围棋九段高手，故事的背后，大反派 boss 要与主角莫林下围棋。如果主角输了，则毁灭世界，如果主角赢了，反派就走人。

反派执黑代表邪恶，主角执白代表正义。

一开始，九段棋手的莫林自信满满。后来发现，黑子可以代表单纯的恶，但是白子是灰色的，一旦你需要力量，需要复仇，就不再是白色。因此，白棋从一开始就注定失败。

在对决的最后，莫林想到，自己的朋友们，确实都有缺点，但是也都有闪光的地方。有人很抠门,但是很细心;有人很自私,但是很可爱;有人爱忘事,但是很大方。莫林一直以为自己代表纯粹的"正义",实际上他代表的是他的"朋友们"。正因为他们有正有邪,有恶有善,才有血有肉,才是莫林所喜欢的朋友们。

于是他打破多年的围棋规则,把白子下在了中心"天元"的位置,直接叠在了黑子上面。虽然打破规则,但是战胜了反派梦魇。

棋局中,是黑白相争;世界上,是正邪相容。

我当时上小学,非常喜欢这部漫画,第一次看到这个故事,震撼了很久。

世界不是非黑即白。人性是复杂的,自私是本源的,阳是生于阴的,"恶"的前途是有限的,而"善"是需要"恶"的,善恶又是难分的。

第一章到这里要和大家说再见了,生活是最好的教科书。

愿我们每个人,都善良而有力量,真诚又保留机敏,单纯还不失魅力。

做人,要做麻辣小龙虾!

第七章

红泥小火炉，能饮一杯无？

——朋友来了有酒肉

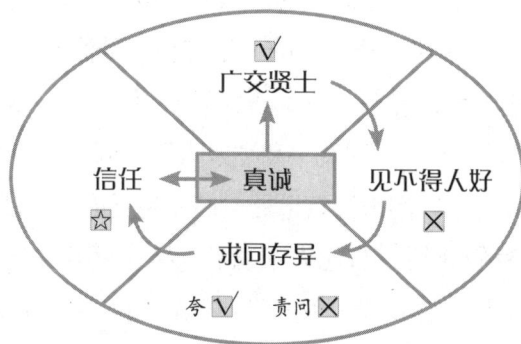

1. 有朋自远方来，觉得咱丑？

——颜值不够，真诚来凑

大家好，人性探究之后，我们理解了，人性本私是应该被尊重的。有恶有善，才是可爱的世界，也是残酷的世界，更是真实的世界。"齐家篇"后续章节会默认读者了解第一章"人性本私——我们凭什么善良？"的基本概念，因为篇幅有限，咱们不再重复解释。

在家靠父母，出门靠朋友。

我们和朋友在一起的时间，有时候要比家人更长。毕竟父母不是万能的，所以了解人性之后，第一个事情应该就是研究如何建立深厚友谊，拒绝酒肉朋友。

第二章就是讲分享，讲交朋友时应该具备的真诚心态和智慧眼光。

第三章会介绍家人之间的互动，家人也是朋友，这一章内容仍然适用于家人。但是因为家人更加亲密和固定，因此这一章会在"朋友"的基础上介绍更有针对性的内容。

第四章会解释"亲密关系"。我们可能有恋人、闺蜜、兄弟，一个人一生跨越血脉的亲密关系往往不超过 10 个。但是不是亲人胜似亲人的成长伙伴，往往会对我们的一生有很大的影响。比如一心对你的伴侣、一直引导你的导师、一手培养你的领导、一起战斗过的兄弟，等等。"亲密关系"介于"朋友"和"家人"之间，所以我把"亲密关系"设计在第四章，读起来会效果更佳，如盛夏里的冰镇可乐一样。

第五章，我们介绍了与他人互动后，由于超出了与自己"和解"的范围，所以应该再次反思"修身"，补充与自己"和解"时候，"修身篇"没有涉及的方面。称为"社会中的自我修养"。

最后是写在"齐家篇"最后的话：万物终将逝去，唯有"时间"永恒。

没有一个人是一座孤岛。

一个人的成就，往往三分靠自己，七分靠别人。单打独斗，是高考之前的事情。谁敢合作一个试试？

毕业的时候，我和很多朋友都很不适应：

为什么有的人受欢迎？明明我是全班第一。

为什么有的人就生得好？明明我是全班第一。

为什么张阿姨没有看上我？明明我是全班第一。

当年考班里第一的同学，别人家的孩子，现在混得怎么样了？

很多人想不通，照着家长、老师的要求，不烟不酒不早恋，青春都用来"听话"了，怎么我反而混得不好？于是，更努力地"听话"。

很多人想不通，我一心为了组织或者公司，起早贪黑九九七，中年都用来"奉献"了，怎么我还没有"出人头地"。于是，更卖力地"奉献"。

大家想过没有——

万里长城是秦始皇一个人扛着麻袋和砖头修的吗？

星星之火可以燎原，是毛主席拿着火把一片一片点的吗？

你今天骄傲的东西，和你的父母朋友老师一点儿关系都没有吗？

"修身篇"讲得最多的就是客观，客观来看，我们每个人的成就，都离不开别人的帮助。而能帮助我们的，都是我们成长路上的良师益友。

一个人朋友的数量和质量，绝对和这个人的成就相关。

这就是为什么要读强校改变命运。念几本书当然重要，但从根本上改变你命运的，是你的圈子。

有人说，咱们大谈交朋友，是不是就是"利用"别人，"利用"圈子？这样是不是不好？

"利用"是不恰当的，"相互利用"是恰当的，但是说这么难听是不恰当的。

其实，就是互利互惠，一起进步。所以，这没什么不好，反而是应该被鼓励的。把资源安排到需要的地方，世界运作会更加"有效"，就像市场有效一样。

如果有人问我们，把"互相利用"说成"互利互惠"，是不是在粉饰什么？

你告诉他：当开会的时候，领导在讲话，中间你想离席上厕所，你会打断领导，告诉他你想拉屎，然后再离席吗？如果你没有大喊"领导，我要拉屎"而是悄悄离场，你又在粉饰什么呢？

朋友的本质，是一份稳固的互相保险。每次不经意帮个小忙，都是给自己上个"保险"，不要期望付出一定被记得或者回报，但是日常做好事，"积德行善"绝对有"意外收获"。

我们要学会成就别人，也要学会被人成就。

但是社会是现实的，我们想广交朋友，人家不认怎么办？

题目说"有朋自远方来，觉得咱丑？"这里的颜值，不仅仅指的是外表的颜值，还有我们的社会地位。社交是有成本的，社会是看脸的社会，门不当户不对，往往融不到一个圈子里。

"真诚"比"门面"更重要。

为什么大家都喜欢沈腾、岳云鹏、宋小宝？因为他们很帅吗？不。是因为他们的作品很真诚。之前我说喜欢岳云鹏是因为他很帅，是我说了谎，是我错了。

但凡遇到他们的小品，每场我都看，尤其是那谁。不点名了，免得另外两个看到会不高兴，回头朋友圈屏蔽我了。

我们看到他们在台上很可爱，其实大家百度一下就知道，他们台下不是这样的。有些喜剧演员看起来台上一副"就我最贱我怕谁？"

在台下却有很大压力，甚至可能出现抑郁倾向，我不敢乱下结论，大家自己百度了解。

我们表面上喜欢他们可爱，实际上，是喜欢他们的用心，喜欢他们的真诚。他们即便变成了大腕，还很认真地演戏。虽然最近春晚的笑话有点儿赶不上我讲的段子了。不能怪他们，是我水平提高了，哈哈哈。

我之前讲过，我的高中班主任老师说，做值日的样子反映一个人的心态。值日不认真，心态不稳，学习也不会好的。这是影响我一生的话之一，坦白地说，我小时候也跟风逃过值日。

我们看看小岳岳的心态。

岳云鹏的成功，有自己的努力和天赋，尤其是他长得真有天赋，我就是长得不够搞笑，所以郭德纲叔叔没看上我。他背后极具影响力的郭德纲，搭档孙越，整个德云社，对他付出了多少，我们不知道。

为什么一群人愿意帮助他，因为岳云鹏很孝顺。节目上，岳云鹏一直对郭德纲非常尊敬，称呼全是"师傅，您怎么样怎么样"，郭德纲也多次直言，"岳云鹏是个非常孝顺的孩子"。

这就是岳云鹏的心态。他的真诚，让他知恩图报，无论是对父母还是观众。他对得起观众，观众也会对得起他。我虽然喜欢开他的玩笑，但是我特别喜欢岳老师，他的小品，每场我都会看。

这就是我们说的，不要抱怨别人有没有对得起你，要看你自己能不能对得起你自己。

《人性的弱点》等很多前辈的作品，告诉大家"管住自己的舌头""微笑挂在嘴边"，等等。老师、家长从小推荐，我也读了三遍，但是我记不住这么多条。而且我生气的时候，微笑在嘴边"挂不住"，别说管住自己的舌头，连拳头都管不住。

因为我从小擅长讲段子，可是我不会表演，我不是"演员"，而且我也不是薛之谦。

后来我发现了，交朋友就一个秘方——真诚。

这谁都记得住，就这么一个词。

但是真诚说起来容易，做起来难。朋友会和你吵架，朋友会和你分开，朋友甚至会背叛你。他需要你和自己和解，同时和对方和解。

长得丑可以化妆，抖音上大叔变萝莉能让你连着三天做噩梦。但是你还是会忍不住点赞，关注，第二天又看他，因为觉得好神奇。

"真诚"是装不出来的。

记得有一次，中午下课后几个同学去吃饭，我和那个时候还不熟的"大河马"都在。吃完之后，返回教室，一路上互相有说有笑。我的鞋带忽然开了，我蹲下绑鞋带。和我们同行的其他同学继续走，有人看到我蹲下，犹豫了一下还是跟上"大部队"。就"大河马"一个人留下来等我系好鞋带，我印象极为深刻。这一幕恐怕他也不记得了，可能地球上就我一个人记得。当时我心里就很认可他了，我们变成了最好的朋友。我之前提到过他，大家在我的书里，还会经常看到他。

当然，我也有很多其他的好朋友，只是他们没有昵称。不提不是关系不铁，是我很担心会暴露隐私。所以，我尽量在完全不涉及个人隐私的前提下，给大家讲述。

这个故事很小，但是背后反映的东西很多。进入社会，多少人勾肩搭背，称兄道弟，如何如何海誓山盟。但是你蹲下系个鞋带，他却几秒钟都不愿意等一下。

过年的时候，以前我也群发过祝福短信。但是最近几年，基本都是"私人订制"，选择一些聊得多的发，起码最近几个月有聊天记录的人，师兄也好，王姐也好，给人家好好用一分钟发一个祝福。平时说不上话，逢年佳节，问候一下一年的情况。如果是给晚辈或者是在群里，我尽量能给大红包就给大红包。我一直相信，真心换真心，千金散尽还复来。

那些群发的信息，不管你怎么修饰，都能看出来。你觉得自己很聪明，你比我聪明，这很正常，你有自信比我的朋友们聪明吗？

值日好好做，做人要知恩图报，别人系鞋带时等一下，不要群发祝福，能发大红包就别抠门。应了一句网红短语——"都在细节里了"。

但是我能把万万千千的细节都列出来吗？隔壁1200万字的《斗破苍穹》都写完了，我也列不完啊。我也逃过值日，也不是神仙。

大家知道泰勒展开式吗？没学过的不要害怕，我们把左边的 $f(x)$ 亲切地定义为"好吃的"。

你只需要知道，左边的 $f(x)$（就是那个"好吃的"）等于右边无数项加和。

$$f(x) = f(x_0) + f'(x_0)(x-x_0) + \frac{f''(x_0)}{2!}(x-x_0)^2 + \cdots$$

$$+ \frac{f^{(n)}(x_0)}{n!}(x-x_0)^{(n)} + R_n(x)$$

函数 $f(x)$ 后面，是有无数项的。如果把交朋友比作这个公式，我之前举的例子，和其他书本告诉你的"小技巧"，就是右边的无数项。你学不会，记不完的。我们不是演员，不是薛之谦，我们也没有年少有为，不是李荣浩。

我们只要记住右边的无穷项，等于左边的一项 $f(x)$（就是那个"好吃的"）就好，就是我们说的"真诚"。我把它定义为"心态动作展开"，简称"心动展开"。

这个公示告诉大家，只要我们真的"真诚"，右边的一切都会无师自通。

颜值不够，地位不够，没关系。

没有人会拒绝一个真诚的人，如果你真的是真心的话。

2. 无友不如己者？ NO
——三教九流皆是兄弟

子曰，无友不如己者。

是说我们不要和不如自己的人交朋友吗？

子又曰过，三人行必有我师。

如何解答？

高中语文老师说，"如己"表示"像自己"。"无友不如己者"解释为"没有一个朋友不和自己相似"，负负得正，也就是"朋友都是像自己的"。

因为古文本身就不容易阅读，过去两千多年，《论语》也不是孔子亲自写的，是弟子、后人编纂的，所以解读起来，即使是教授们都会给出很多种解释。

"交朋友就找和自己相似的"广义是没问题的，只要是人，就有很多相似的地方。两个眼睛，一个鼻子，每个人都是这样。但是，这样广义理解是没有意义的。你看《喜羊羊与灰太狼》里面，连灰太狼都是两个眼睛和一个鼻子，和你如此相似，天下谁不能是你的朋友？

但是如果狭义理解，"不交往和自己不相似的朋友"，可能是欠妥的。和你相似的，往往是一个圈子或者同一层次的。"国民女儿"关晓彤和雨里来回穿梭的外卖小哥"相似"吗？人们常常说，圈子不同别硬融，是真的吗？

圈子相同，代表你们具有相互交换资源的实力。但是院士、富翁，他们都是人，即使他们拥有"青青草原"，又怎么样？他们还是需要"灰太狼"，因为没有灰太狼的青青草原，是没有灵魂的。而灰太狼和喜羊羊，又有多少相似之处？斗智斗勇几百集，成了好朋友。

所以，本来就没有"圈子"。因为一个封闭的"圈子"，是需要"护城河"的，也就需要一个明确的定义，才能形成一个"严格"的圈子。有时候，我们自己觉得不如别人，或者觉得别人不如自己，都是自我想象、自我设限。你怎么知道和你一起坐公交车上课外班的朋友，他家里有没有矿？

还记得我们前面讲过"维度"的概念吗？你能做到顶尖的，可能最多一两个领域，其他方面，你和普通人一模一样，也许你在二环路上开着兰博基尼，还不如旁边的外卖小哥跑得快。

所以，"圈子"是一个模糊的概念，即使两个不同圈子的人，都会在很多维度有相似之处。

所以如果是狭义理解，可能就会与事实多少有些出入。我话说得很委婉，是我没资格去挑战孔夫子的观点。但是每个人都有独立思考的权利，这里是想告诉读者，应该独立思考，应该交什么样的朋友，是比自己优秀的，还是和自己是一个层次的，还是什么标准。

最后，可能有人说"如自己"就是"像自己"，就是志同道合可以做朋友的意思。但这就是要流氓了，因为翻译过来就是"我的每个朋友都是可以和我做朋友的"。这是比 1+1=2 还简单的逻辑，它告诉我们 A=A。

我费尽心力，写了这么多，到底想论证什么？

我想尽量严谨地告诉大家，三教九流皆可以是兄弟。不要想着什么"无友不如己者"，不一定要找志同道合或者能让自己见贤思齐的。你总可以在某些维度比一个人强一些。

如果大家都想找比自己优秀的，优秀的人不愿意找不如自己的，那就都没有朋友，与现实不符。

大家都找一个圈子的，社会就会日渐固化，也与社会应有的活力不符。

我们都有资格和任何人成为朋友，任何人也有可能和我们成为朋友。所以客观上，摆正自己的位置，我们没有比任何人强，但是也绝不比任何人差。

我个人见过很多优秀的同学和老师，他们有智商很高的，有程序技术一流的，有医术高明的，有想象力非常丰富的，有情商极高的。这些同学或者老师都比我优秀，但是我和他们在一起的时候，他们都很有亲和力。

大家在一起会吃饭、健身、出去玩，聊一些日常每个人都有的困惑。比如都担心期末考试，我担心自己期末复习时间不够，他们会担心期末复习完了离考试还有一周，闲得没事干。都会有纠结，我纠结只有50块钱，两个游戏买哪个比较好；人家纠结被两个男生同时追求不知道答应谁，我还得帮着我朋友给两位候选人打个分。（当然物化男性是不对的，危险动作请勿模仿。）

很多厉害的教授，会下课关心同学，也会组织聚餐，了解学生们的困惑。高中的时候，你可能觉得自己会比老师混得好。大学可不是，我们毕业，很少有机会能在北大清华成为教授。长得帅（好看）又幽默的老师，大家叫他们男神、女神。老师们根本不需要我们帮他做什么，他就是单纯关心大家的发展，希望可以在力所能及的范围帮助我们。

这是讲述生活中比我强的朋友。

另一个角度，从世俗角度（维度）判断，也有目前看不出比我强的朋友。

比如有一次我坐出租车，遇到一个五大三粗、脖子根上还好像有文身的师傅。当时我正参加完某投资机构的分享会出来，有一个做高端乳业的企业临走送了一箱产品。车上我闲来无事就一盒一盒地喝，顺便思考如何给老板汇报，一般我一晚上最多喝过三斤。可能司机师傅不知道我是"海量"，我又呆呆地望着窗外不说话，一盒接着一盒地喝。司机师傅觉得我可能精神不正常或者压力太大，就和我搭话。

晚上从国贸到中关村，很堵，我们聊了一路。我了解到师傅一个人在北京，住在六环外几百块钱一个月的合租房子里，行情好的话，一个月能挣10000~15000，比在老家多太多。因为孩子在专科学校，平时花销也不小，他来北京挣钱。来北京第三年了，孩子他妈他一直没提，我也没多问。

我通常关注未来规划，我问他未来怎么打算。他憨厚一笑说，再干三年，等孩子结婚了，就回去省城和孩子一起。自己也攒了一点儿，如果还差钱，就接着跑滴滴。他说自己已经开了十几年了，他挺喜欢开车的，所以一直干这个，虽然非常非常辛苦，很多司机腰间盘突出。他车很稳，不故意加塞，但变道时行云流水，确实像个十几年的老师傅。

我们一路聊得很开心，快到的时候，转弯处非常堵。我看了一眼报价，快80了。师傅不着痕迹地把单子提前结了。我注意到了，所以临走时留了两盒奶放在副驾驶，师傅渴了可以润润嗓子。

车到了校门口，师傅大着120分贝的嗓门说："好小伙，要好好学习！"我心头一热，笑了笑把车门轻轻关上了。

走回宿舍的路上，我觉得师傅看起来很壮很凶，实际上很可爱。也许他的世界里，在学校里的人，都是一天24小时要学习的。我参加分享会时，一身西装，他还嘱咐我好好学习。但是又觉得很暖心，那可能是他唯一能想到关心我的话，我觉得很真诚。

我们没有留联系方式，可能再也不会见面，但是我们彼此都因为对方出现的一个小时，而感到很温暖。相忘于江湖，也是一种潇洒。

一个五大三粗、有文身、声如洪钟的司机师傅，和一个西装革履、喜欢喝奶、和善随和的研究生，"如"吗？"像"吗？

但我觉得，如果下一次打车偶遇，我一眼就可以认出他。

这就是朋友。

所以，我们交朋友的时候，不要自我设限。人都是被自己的想象和偏见束缚住的。上面两个例子，就是说，人没有三六九等，只有三教九流。而三教九流中，大家都各有差异，也各有相似。

学术大牛、业界大佬没有摆架子；外卖小哥、司机师傅也没有粗言粗语。

我们真诚地对待别人，关心别人，对方也会感受得到，也会给我们关心和真诚。

习惯真诚，也要习惯去和所有人成为好朋友。

3. 唯一择友标准

——要能见得你的好

真诚和开放的态度，可以让我们有很广泛的交际圈，让更多人接纳和认可我们。

但这并不是来者不拒，我们筛选朋友要有一条确定的标准——能见得我们变好。

人是会变的，比如棋局对决，对方在这个环境下，你死我活，他不可能见得你好。所以在棋局之上，你们不具备成为朋友的必要条件。毕竟屁股决定脑袋。但是对局结束，你们在棋盘外可以做好朋友，可以一起提高。

所以，在一定的环境下，远离那些见不得你好的人。

其他品质，比如懒惰，爱说谎，传谣言，都没关系。只要他希望你变好，那些行为从概率上就是对你有利的。

生活中，我们如何识别谁"见不得我们好"呢？

毕竟人家不会走过来说，"嘿，我真是见不得你变好。"

白骨精也会伪装自己，但是就像之前讲的"泰勒展开式"一样，加和之后左边 $f(x)$（就是那个"好吃的"）不等于"真诚"，那它右边必然有细节"对不上"或者说"露出马脚"。

其实这个道理，大家心里都清楚，只是可能不会总结出来。比如有一个人对你很热情，但就是感觉不舒服，你也不知道怎么不舒服，因为他有些地方"不合逻辑"。不合逻辑的地方，就是他的这个"心态＝行为 1+ 行为 2+……+ 行为 9999"的"心（态）动（作）展开"的等式是不成立的。

所以为什么我们讨厌一见面称兄道弟的人？明明感情或者心理没

有到那个火候，等式左边数值比较低，右边的动作则迅速开车，导致等式不相等，引起反感。

首先，"见不得别人好"≈"嫉妒"。嫉妒一般是对方给你造成压力，比如他比你优秀，他比你帅，他相声讲得好，他吃海底捞每次有人陪，等等。他的存在让你觉得自己处境很难受或者尴尬，尤其是遇到喜欢显摆的人，正常人多多少少会有"柠檬"心理（嫉妒心）。

柠檬树上柠檬果，柠檬树下你和我。

老师不让我们比，我们天生就要比。

首先，如何让自己不嫉妒别人？

第一步，先冷静，找一个安静的地方思考。

第二步，回到客观，他是他，你是你，也许你们一起做一个事情，他做得很好，但是这并不能证明你是倒数第一。对方的智力、基础、付出、运气，我们都没有看见，对方的优秀确实一定程度地表示我们需要奋起直追，但是不能百分百说明我们就是 loser 或者废物。

第三步，放眼未来，比如下棋，对局是敌人，局外是朋友。也许你们现在是在同场竞技，但是之后都是朋友。有一个优秀的朋友，总好过有一个优秀的敌人。

第四步，思考宏观，一城一地的得失不能代表你人生的分数。你真心为他高兴，他能看得出来。在历史的任何朝代，"嫉贤妒能"都是非常普遍的，如果你可以做到真心见得别人好，你绝对是他未来的朋友中，在他心里最有竞争力的。

其次，如何不让别人嫉妒我们？

第一步，客观分析，嫉妒别人的人，看到的东西都很逼仄。他们不能接受自己偶然的不优秀，一定要从别人身上找原因。他们觉得别人不配。

第二步，尽量不要臭显摆。喜欢显摆，回头一定吃大亏。多少古人前辈的教训，不赘述。

第三步，真诚地了解，自己的一点小进步，真的不值一提。不要显出盛气凌人的样子，学会为对方着想，照顾别人的感受。

第四步，如果对方真的"不善良"，说明他"不成熟"。短期尽量远离，长期上我们依旧给一个机会，等到"出了对局"，看看他能不能想明白。

日常生活中，一定要调整心态，首先要避免成为这样的人，其次要防止这样的人给我们造成困扰。因为细节是列举不完的，所以我举三个例子，供大家参考，一方面识别不合适做朋友的人，一方面自己想明白为什么不要这样做。

（1）酸言酸语：我们但凡取得一点成就，对方就看不惯，一定要酸你一下。这种语气我学不来，我努力尝试一下，比如我酸某个同学，"哟，你真厉害，这么受欢迎，明明可以凭学历，一定要拼长相。"当然了，如果这个同学被酸习惯了，这些话讲起来就会像讲段子。日常大家是可以体会到的，非常明显。

这样的人，尽量离他远点。杀人放火硝酸铊，好奇害死猫，嫉妒害死人。

我们有时候也会不小心这样，怎么办呢？首先，这一般是自尊心受到冲击的应激反应，所以一定要冷静。如果对方愿意和你分享喜悦，是他拿你当朋友，我们要高兴。而且有一个优秀的朋友，可以见贤思齐。我们的竞争对手是屋外的万千兵马，切不可一叶障目。

（2）过度监控：有的人一定要问得很细，你每天去哪里他都要仔仔细细问个明白。你有没有偷偷报课外班，有没有偷偷努力，有没有去找女生吃饭，他一定要刨根问底。你说他一个男生，一定问咱们有没有和女生出去吃饭干啥？累不累？这样的人，有可能是强迫症。如果没有强迫症，他就是在监视你。他为什么监视你？怕你出门被美女追吗？应该不可能，如果他问的是你们俩的竞争领域，一般是想窥探你的进度怎么样。

我们平时千万不要这样。人家想对你说，早就说了。你一定要追问，是在消耗你们的"情感账户"。你知道他的进度有什么用？你自己努力就完事了。如果你先做完，你还可以去帮帮他，何乐而不为？

（3）背后议论（负向）：比如挑拨离间，比如背后说坏话，等等。这个是板上钉钉的见不得咱们好。这个话题很严肃、很沉重。我们自己尤其注意，千万千万不要背后说别人坏话。

无论他在你面前和你说什么，这个人要是背后说你坏话，绝对不是什么好鸟。具体我就不用分析了，大家心里清楚。因为在人后说话，一定程度算是"匿名社交"，更容易吐露心声。

当然了，我们也要注意人家具体说了什么，比如你脚太臭了，平时太吵了，生活习惯让人发疯了。或者你先不小心传人家坏话，即使无心之举，人家误会了要报复你。这个时候，我们还是先从自己身上找原因。如果对面是对你的人格定义，那绝对是"铁狼"，坏透了。真正了解你的，一定是你的好朋友，好朋友如果做这个事情，绝对是太不成熟了，他一定两边不讨好。如果不是好朋友，他一定是以偏概全，只是为了诋毁你。

日常生活中，我们一定有要吐槽的人。有的时候也是无心之举，就是单纯一吐为快。但是你不知道你对面看起来可以信任的人，和对方是什么关系，他们可能是朋友，也可能是死对头。你大大咧咧瞎说八道，相当于玩《三国杀》直接亮出身份，你觉得你能撑下来几轮？

背后坏话和网络暴力是直击灵魂的，相当于人际关系的"核武器"，对方大概率会和你撕到底，不会让你好过的。到头来，只能便宜吃瓜群众和中间挑拨离间的人。所以平时要注意一言一行，如果真心为人家好，你可不能这么做。

如果你仅仅只是习惯，觉得口嗨很爽，没有恶意，那还是换种方式。如果你实在瞧不起谁，你可以远离他，自然眼不见心不烦。如果必须接触，则尽量减少不必要的交流。一旦开始骂战，两边都是一身骚，没有赢家。

这三点是万千细节中的三个例子而已，我个人学识尚浅，大家领会精神。

真正的真诚，一定是为对方考虑的。

对于朋友正常的吐槽，大家也要注意区分，不要误会和误伤别人。用变化的眼光看待别人，凡事留余地。

被误会是非常委屈的，这个时候我们多思考自己的问题，真正认识到问题。比起骂战，不如改正自己，不然如果人家真的说得在理，我们冥顽不化，下次还会有源源不断的类似事件。所以遇到事情，抬杠归抬杠，还是先从自己身上找原因。

我们自己不要柠檬精，也要注意远离那些"醋坛子"。

4. 两人三足总摔跤
—— 要能见得别人的"坏"

上一小节我们讲了，蜘蛛精、白骨精都好说，我们要远离柠檬精，而且自己要能见得别人"好"。

这一小节讲述，要能见得别人"坏"。

我们要对别人的错误，给予一定程度的包容和理解，才能让友谊可持续发展。

合作是为了更好地竞争，但是合作的效率往往是有损失的。就像两人三足的比赛，大家之间的不协调，会耗费很多精力。有时候也不是谁的错，但是如果我们胡乱归因，或者不宽容别人，很可能会造成效率进一步下降。更重要的是，本来可能是朋友，因为互相指责，就会变成死对头，这是最得不偿失的。

首先，我们要判断合适的合作伙伴。尤其是有的人，脾气比较大，比如比金星老师或者红太狼脾气还大，那一定要找给力的合作伙伴。不然要么得罪人，要么自己先气晕了。

和朋友相处，就像一场合作。时间长了，关系近了，难免会有磕磕碰碰。如果润滑得好，你的社会能量就很强。如果摩擦力很大，你的社会能量就会大打折扣，好比骑着一辆生锈的自行车。

这个时候，我们虽然学会真诚，保持开放的态度，对方也不是柠檬精，但是如果他们做了让我们不舒服的事情，我们不可能一脸真诚地告诉对方："你好傻啊！"

所以，已经有了友情之后，我们要做到"保鲜"友情。要能包容别人的"坏"，这些坏不一定是朋友客观的坏，可能是两个人之间的

"摩擦"。

这里就是，给别人的"坏"一个机会——事情可能不是你想的那样。

给别人一个机会，就是给你们的关系一个机会，也就是给你自己一个机会。

下面我举两个例子：

第一个是夸奖和指责的力量。

我有一个叫"大夸"的朋友，她是一个情商特别高的人，一方面是每次班级有任务，她总能冲在前面。另一方面是，她对别人的失误，特别包容，而且特别喜欢夸奖别人。有一次我健身回来，她看见我说，欸，感觉这两天你经常去健身房，好像变壮了一些！我听后非常开心，虽然我知道可能是我吃胖了，但是我还是很开心。请大家原谅我的"不客观"，但是当我们受到赞扬的时候，就更有动力去做。所以我之后每次去健身房，更有动力了。因为觉得自己的行为受到认可，付出得到了回报，就很有动力继续投入。

相比之下，我为班级组织活动的时候，其实是尽心尽力的。但是众口难调，总有人会觉得是我没有安排好，就很打击我的积极性。毕竟班级工作是热心肠帮个忙，还被各种要求和评价，其实是委屈的。一句小小的吐槽，无心之举，可能别人听到很在意，觉得自己的付出没有效果，自己的努力没人认同，下次就很不情愿再去做了。

生活中人们常常喜欢指责别人，尤其是居高临下地评价别人。其实就是任正非说的，红方负责统战全局，蓝方只要攻破一点。也就是说，挑毛病容易，谁不会挑毛病？统一全局，是困难的。

生活中，我们不要以为自己去指责别人，打击别人，就感觉自己很有优越感。尤其是，事后还说自己"心直口快"。这真是耍流氓。

有的时候，我们说得是对的，没错，但是很不合适，就像大庭广众大喊 "我要拉屎" 一样。这不是幼儿园，我们要考虑别人的感受。理论上对的，如果不符合实际就是 "错的"。

不要用别人的错误，找自己的优越感。没人愿意和这样的你在一起。

这个地方就要用到与自己和解的办法，去与他人和解。

我们首先要理解别人的感受，如果你不喜欢被人大庭广众指出问题，那你就不要 "心直口快"。如果自己是对方，能不能做好？如果自己也可能出现问题，就不要说别人。此外，如果你真的想要改变别人，不妨从 "另一个方面" 说。比如你的男朋友不喜欢健身，只要他健身一次，你就大加赞赏，说他太有天赋了，这大胸肌，太有安全感了；这腹肌，都不用买搓衣板了；这肱二头肌，可以夹核桃了。当然要注意适度，不然就变成上一节说到的 "酸言酸语" 了。每个人不一样，我就脸皮厚，你这么夸我，我闻不出来 "柠檬味"。

所以，多多理解别人的错误，给别人机会，同时施加正确的引导。之前我们讲过，心理学上人的预言会 "自我实现"。你天天叫他 "张院士"，他就慢慢往这个方向努力；相反，如果你天天说他是 "流学渣"，他慢慢就真的不喜欢学习了。所以警惕身边喜欢批评别人的 "倒霉孩子"，无论他是有心还是无意，语言看似无色无形，都会潜移默化地造成现实影响。

指责，绝对不会有任何改变，只会损伤你们的友谊。不要给自己找借口 "心直口快" "忠言逆耳"，否则你可能会尝到 "成长之拳"。

第二个问题是，如果我们被朋友误会怎么办？这是通常令人难受的事情，如果有机会后面会重点提到。

我曾经就被一位师兄误会过，他之前给过我很多点拨，我很感激他。但是有一次，我遇到了真的非常特殊的事情，脸很臭，我实在没法控制自己的表情。进门的时候，遇到他和我打招呼，我印象很深刻，他夸我发型变了。我当时一下没反应过来，所以脸很臭过去了。我后来想转身去道歉或者解释，但是又觉得尴尬。之后师兄可能生气了，不怎么搭理我了。如果为自己考虑的话，我会为自己喊冤。我内心真实的呼声是：啊！好冤啊，太冤啦！其实换位思考一下，如果是我自己和别人热情打招呼，别人一副臭脸，我当然会很不高兴了。所以我很理解他。但是事情已经过去了，我也没法特意去解释。毕业之后，我们就没有联系方式了。这是我现在想起来，还很愧疚和遗憾的一件事情。如果当年留下联系方式，逢年过节问候一下，误会就解开了。现在的情况，肯定是没戏了。

还有一个我自己的经历，我有一个好朋友，他平时不怎么看手机。刚刚认识的时候，一起组队做事情，他回微信巨慢。我又是很着急，所以其实有点儿不太高兴，觉得他有点儿不负责任。吸取小时候的经验教训，我能多做还是多做了，然后静观其变。后来我才知道，他平时手机静音，而且他后来的小组输出也很高是很靠谱的，我们后来也多次组队合作，成了朋友。大家想想，如果我一开始没有憋住，开始指责，可能又是一件很遗憾的事情了。这个经历，够我偷着乐很久了。

所以之后，我每次搓火或者要发作，就会提醒自己，再等等，再看看，也许不是我想的那样。养成习惯后，真的对我帮助很大，因为有时候我们经常会用"有罪论"推测别人，冤枉别人。其实有的时候，我们行为过火之后，自己知道不合适，让对方受委屈了，也知道对方可能记恨我们了，但是下不来台再道歉，也不好再提起，最后就会变成遗憾。这样的"隔阂"多了，我们的人生就会开始变得"卡壳"。壳卡得多，就会像一个"大漩涡"，极具能量，所谓"四方之民归之，若水之归下也"。

所以每次给别人一个机会，就少了被自己打脸的可能，不能像马苏一样，脸疼了才发现，就晚了。

容忍别人的"坏"，可以让友谊更加"保鲜"。

不妨给别人一个机会。

5. 我有酒，你有故事吗？
——信任是羁绊

本章的最后一节讲"信任"。

信任不是第一次见面时嘴上说信任就信任。信任是建立在一定羁绊基础上，友谊的升华。

也只有具备足够的信任后，我们才能"真诚"得更加"肆无忌惮"。

按照惯例，最后一节来梳理一下本章逻辑：

第一节告诉我们要"真诚"，这样才会打开别人对我们的大门。请参考很多喜剧演员的表演，"贱"和"损"的表象下，是"真诚"在吸引观众。

第二节，在别人对我们打开心门后，我们要对别人打开心门。三教九流可以是兄弟，从客观的、多维度的视角看待自己和他人。从客观的视角理解世界，可以防止我们自我设限，接受更多的可能，也给别人带来更多的可能。还记得那个可爱的大嗓门文身壮大叔吗？

第三节，在我们具备"真诚"的习惯、客观开放的态度后，唯一要筛选掉的，就是那些"见不得别人好"的朋友。正常的"嫉妒心"人皆有之，毕竟感受到对方带来的压力和自尊心被伤害的感觉后，每个人都有正常的应激反应。但是长期上，要回归理性，行为和心态应该符合我们的"心动展开式"。

第四节，这个时候我们已经开始友谊了，因为不合适的人已经被筛选出局，双方心门打开，可以做朋友了。但是友谊是需要"保鲜"的，相处过程中，对方不可能和你想象的样子完美重合。面对朋友可以容忍的"坏"，我们要理解包容，习惯去静观其变。这绝对是可以让你偷着乐的好习惯。

第五节，告诉我们如何让友谊"万岁"。天下没有不散的筵席，短期的接触之后，可能是一两个月，可能是几年，我们和朋友会渐行渐远。我们不可能天天陪着所有人聊微信以培养感情。所以，如何留存那些正在逝去的友谊呢？就是"信任"。

友谊"万岁"的法宝是"信任"。它也可以升华我们的"真诚"。

在第一节提到的"真诚"，本质是什么？是我为你好，但是你不能害我，是一种合作的目的。

最后一节，面对具有一定感情基础的友谊，如果你认定对方和你"一见如故"，想要形成"永久的羁绊"，就需要"信任"。它可以让"真诚"升华成"真心"。"真心"的本质是什么？是我为你好，即使你害我。

我们讲过人性本私，利益错综复杂，能做到第一步"真诚"已经实属不易。但是据我观察，我能看到的那些优秀的前辈，几乎是"前浪把后浪拍在岩石上流口水"的水平，他们都有一个特点，都是非常非常"真诚"的。但是这不妨碍他们很聪明老练，要是有人对他们使坏，他们绝对可以把他收拾得"满地找牙"。绝对不要怀疑这一点，哪怕自己吃点儿亏也别捅马蜂窝。

"真心"是需要信仰和觉悟的。还记得我讲过《圣经》中，上帝的脚印的故事吗？信仰中的"神"不是《西游记》里无所不能的"作弊器"，他往往就是我们的"知心朋友"，给我们精神力量。如果你能付出"真心"，那这个朋友一定是可以接近这个水平的。即使需要我们多付出一些，也是心甘情愿的。

所谓"疑人不用，用人不疑"。没有人是可以百分之百信任的，因为即使他主观不背叛，但是能力可能有限，也会把事情搞砸。

90% 的忠诚，加上 90% 的能力 =81% 的结果。

50% 的忠诚，加上 50% 的能力 =25% 的结果。

30% 的忠诚，加上 30% 的能力 =9% 的结果。

即使有 100% 的忠诚，也没有 100% 的能力，大家看看数字体会一下。

所以，"信任"和"真心"就是一种赌博，我和你生死共存，如果我因为你的失败使我蒙受巨大损失，你是我兄弟，我认了。你信任别人，别人可以感觉到，就会更加努力，比如那个 81% 的结果。你脚踏两只船，甚至三只船，你看看那个 9%。你能脚踏九条船吗？经过严密的数学推导，你比韦小宝强 2 个。

前面四节都是讲"稳赚不赔"的策略，或者我们真诚待人，人家不尊重我，这个损失可以承受。

最后一节是像楚霸王巨鹿之战一样的"背水一战"，通过"孤注一掷"来获得更好的效果。大家要有心理准备，不要有"刚性兑付"的心理。因为"真心"是换"真心"的必要条件，不是充分必要条件。

在你判断之后，选择"信任"，概率上来讲，对你们的友谊是极好的。只有"真心"换"真心"，才能让友谊"万岁"。《火影忍者》中，虽然主角鸣人一路开挂，但是十几年的连载告诉我们的，是信任的力量。

漫画是作者写的，可能没有说服力。我举一个自己的例子，我有"热脸贴冷屁股"的时候，但是我对我真正认同的人，是非常"真心"的，即使我当年不懂事，怼天怼地怼空气。

篇幅有限，而且要尊重他人的隐私，所以仅仅举我两个知心朋友的例子：

我的两个铁哥们叫"逸子"和"大河马"——"大河马"这个名字是不是很熟？我们三个高中起就认识，其实也是一个初中的。其中一位也是大学校友，所以是十年同窗。学科竞赛的时候，一起互相讲题，互相打闹。也偶尔翘自习去外面吃好吃的。

我们互相帮助的时候，从来不计较得失。"大河马"教我数学竞赛题，有一次从中午下课，讲到晚上饭点。高三时我有一次生病，"大河马"不上课给我收拾复习的东西，交给学校门口的我的家长手里。我和"逸子"名义上是"约自习"，实际上就是他单方面给我做家教。当然，我是负责给大家"买饮料"的那个，做出力所能及的回报，也是有卓越贡献的。

我们每个学期就会吃一顿饭，一年两次。日常就过生日时，发两句"男人的祝福"，简单直接，因为他们俩都忙着写论文、找实习，我忙着打《皇室战争》。

每年相处不到 10 个小时，但是我们的关系一直很铁，心照不宣的那种。希望这个例子，可以给读者一个简单的理解和体会。

"没有共同经历""很久没联系了"，都不是借口，我们有没有真心对人家，有没有信任他们，很重要。这就是有些人几年不见，但是一见如故。

人生就是有很多不确定性，这一节就是要表达，我们应该以一种怎么样的心态应对。重点会在"平天下篇"中提到。

人性追求安稳，更追求刺激。信任让我们可以把后背交给别人，一起冒险，一起成长，这是非常幸运的体验。第四章"亲密关系"会和大家互动，发掘自己一个"交心朋友"。

本章到这里就结束了，希望大家慢慢养成习惯：

始于真诚，保持客观开放，避开暗礁，包容友谊，最后友谊"万岁"、友谊"常青"。

还记得这本书唯一强调的逻辑链吗？

因客观而理解；因理解而包容；因包容而强大；因强大而善良。

客观地看待自己，可以更加真诚；客观地看待别人，可以保持开放；因为客观而理解很多磕磕绊绊，让我们包容友谊；一个包容的人，是强大的，强大到敢于去真心换真心，敢于冒险和吃亏，这是善良。

信任是交心的前提，就像我现在对你一样，真诚交心地剖析自己的成长历程和过往，也免不了被个别人指指点点。但是我觉得能和大家分享，是一件幸运的事情。

一首很喜欢的小诗送给大家，白爷爷写的。

绿蚁新醅酒，红泥小火炉。

晚来天欲雪，能饮一杯无？

第 八 章

熟悉的陌生人

——家人也是战友

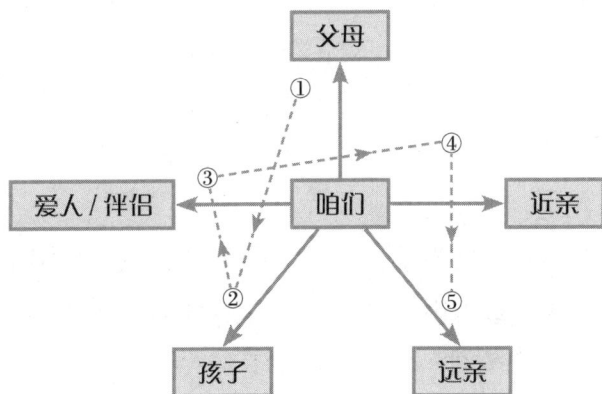

1. 写在本章前面的话

——家人是上天安排的"战友"

欢迎大家来到第三章，本章主要讲"家人"。

先给大家汇报一下本章的逻辑：

第一节，主要介绍本章的逻辑。

第二节，讲如何协调与父母的关系。

第三节，介绍如何 "教育"（其实是影响）孩子。

第四节，在 "父母" 和 "子女" 的关系之后，最重要的就是伴侣关系。

第五、第六节，介绍与近亲和远亲的关系处理。

第七节是最后的话。

"四平八稳" 的策略 "性价比" 往往不高，个人偏向于 "刀锋" 感十足的策略。所以这一章的介绍，有详有略。

本章的重点是第二、三、四节，因为一个人除了朋友外，80% 以上的时间花在了父母、子女和伴侣身上，自然应该增加篇幅。关于爱情，下一章也会提到。五、六两节篇幅相对较少，只提了寥寥几点。

好了，本章逻辑梳理完毕，我们先来分析一下 "家人" 与 "朋友" 有什么区别。

家人比朋友，其实更难相处。因为朋友在一起，往往是因为 "臭味相投" 在一起，或者因为 "圈子"、层次相同，起码地理位置相近。但是家人是 "上天安排" 的，互相喜不喜欢都是家人，尤其是父母、子女和兄弟。这样的关系处理起来，如果直接运行 "客观、理解、包容、强大、善良" 的逻辑链，可能会卡壳。这种关系中使用咱们的逻辑链还需要一些梳理，才能走通，进而使家人之间，变成彼此的强大助力。

除了因为我们不能主动选择 "家人"，可能导致家人之间不容易相处外，固定的纽带关系也让家人之间的关系难度较高。朋友之间有误会了，可以删好友，相忘于江湖。家人之间有误会怎么办？你表弟天天找你要零花钱，你总不能拉黑他吧？

正因为亲人的关心，从好处说，我们会更加信任；往坏处想，总有人变得"有恃无恐"。因为是亲人关系就变成"寄生虫"，无限地索取，自以为是"聪明人"，实际上任何两个人之间，都是有"感情余额"的。这样抱着"侥幸心理"地，或者"理所应当"地麻烦家人，而不想着回报，别人就会渐行渐远。还记得这样一句话吗：如果你自己没有负反馈，那么灭亡就是你的负反馈。

最后一点，压轴的来了！

大家有没有发现：家人或者熟人之间，往往更容易争执和发脾气。

即使是像我这样很随和的人——大家都说至少表面看起来是这样的，也会容易被生活的琐事触怒，打开"八门遁甲"，把声音解锁到200 分贝左右。

后来我解锁了"熟人公式"，它告诉我们：其他条件不变时，两个人越熟悉，也就是预期在一起时间越长，越容易因为小事争执。

废话不多说，先上硬核公式，看不懂没关系，可以"闭眼伸手"，直接看结果。

假设一件小事，比如说"谁去做饭""吃饭谁坐主位"或者"谁去下床关灯"。最可怕的故事就是，女生挣钱比男生多，今年过年回谁家。假设我们让步的成本量化后是 C，贴现率是 $r=10\%$（理解为利息就好），共有 N 期。来计算一下我们的"损失"：

$$V = c + \frac{c}{1+r} + \cdots + \frac{c}{(1+r)^n}$$

$$V = \left(1 + \frac{1}{r}\right)c - \frac{c}{r(1+r)^n}$$

如果是陌生人，比如路过互相让个路，就这一次让步，N=0（当期），损失是 C。

如果是普通同学，比如组队后有两个大作业，需要让步两期，N=1（当期＋下一期），损失是 1+1/（1+r）倍的 C，如果 r=10%，则损失是 1.91 倍的 C。

如果是夫妻，比如谁去洗袜子，或者过年去谁家。两个人会觉得，一旦让步，未来可能会一直让步。那是无限期，N= 正无穷，则损失是 1+1/r 倍的 C，如果依然是 r=10%，则损失是多少呢？是 11C。

所以面对同一件事，"容忍成本"就很高。同一个人，我们对亲人就容易发生争执，容忍度变低。

r=10%	合作期数 N	成本（单位 C）
路人	0	1
普通同学	1	1.91
好朋友	5	4.79
夫妻／家长和孩子	正无穷	11

这个"熟人公式"告诉我们，同样一件小事，越熟悉的人，妥协成本越高。比如一个人认为，如果发脾气对自己形象的影响是 3 个 C，

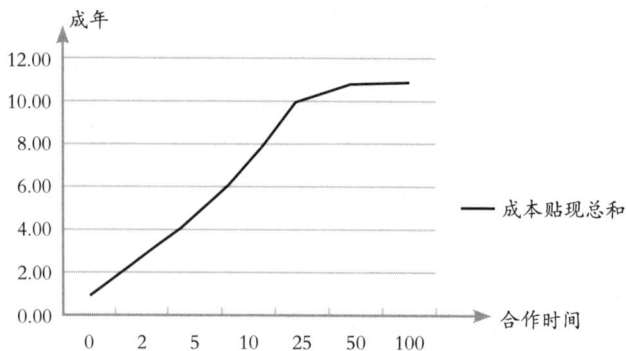

⊙成本贴现总和

那么他就不会对"路人"和"普通同学"发脾气，但是会对好朋友和家人吼叫。还有一个专门的名词，形容这种现象为——窝里横。

这个"熟人公式"不只如此，还能揭示两个现象：

第一个现象：大大咧咧的人好相处。大大咧咧的人，也就是贴现率高的人，好相处。他们今朝有酒今朝醉，不管明天，所以 r 高（类似于高利贷，今天先爽完再说）。喜欢周密计划，心思缜密的人，被大家认为"心眼多"。他们会对未来有一个更加准确的预期，所以 r 小（类似于银行贷款利率，总要想着明天要还钱）。

假设都是熟人，N 为正无穷，这样成本就是 $1+1/r$ 倍的 C。

N 为正无穷	贴现率 r	成本（单位 C）
王朗 / 蟹老板	0.01	101
正常人 / 海绵宝宝	0.1	11
诸葛亮 / 派大星	0.5	3

第一种，大家看一下，为啥诸葛亮能把王朗或者周瑜气死？他们"心眼小"。一点儿小亏不能吃，让步一点，就觉得亏了很多。尤其是对熟人来说。

第二种就是正常人，成本为 11 倍的 C。对比第一种和第二种，就知道大大咧咧一点儿有好处。

第三种就是"奇葩"了。比如因为刘禅的"乐不思蜀"，魏国俘虏他，却没有杀了他，傻人真的有傻福。要是放在普通人身上，在《三国杀》里，怎么着也得"跳过该回合"。

还有一种"奇葩"就是诸葛亮和司马懿，虽然神机妙算，但是知道这个道理。别人挑衅或者讽刺他们，他们可以"识得此阵"，所以无所谓。反而一句"王司徒又有何作为？我从未见过如此厚颜无耻之人！"千万军中把王朗气死。

第二个现象：熟人面前容易"暴露性格"，因为对方已经知道你是什么性格了，端着还累。比如开心麻花的郝建，他一旦"暴露性格"，每次表演都暴露，因为已经没有成本了。就算不暴露，观众也知道他肯定是好贱好贱的，不可能好美好美的。

好啦，目前这个公式就先介绍这两个现象。其实可以设计更复杂的场景和计算，但是咱们这本书还是以轻快和成长为主。考虑到各个年龄段的读者，咱们主要提供思考问题的角度。计算不周密的地方，大家领会精神就好。

这就是本章前面的话，都交代完了。

最后这个公式，就像金融里面"永续年金"的概念，它贴现率的思想和之前介绍的"拖延症都是聪明人"的思想类似。所以如果从金融的角度思考问题，普通朋友的角色更像是"理财"，大家基于互利互惠；要好的朋友或者亲人，更像是保险。

买保险一定得"亏本"的。大家回忆一下几十年前买的保险，是不是很坑。但是保险一定要有，国家也强制缴纳，否则如果真的出事，会影响社会运转。

太阳底下没有新鲜事，很多道理背后的逻辑极为相似。

家人就是这个角色，大家互相迁就，不仅仅为"同甘"，更多为了"共苦"。

2. 月台栅栏外，朱红的橘子

——父母是上天的馈赠

这一节，我们讲述与父母的关系的协调。

"客观、理解、包容、强大、善良"中，我们强调第二重"理解"即可拥有非常"顺滑"的关系。在理解的基础上，我们会讲述如何和父母"做朋友"，这个时候，需要第四重——"强大"。

有人会问，那"善良"呢？和父母的关系还要问善良，我只能大叫一声："师父，妖怪！"

父母与孩子的感情纽带，是世界上最特殊的关系。

一方面，因为孩子由父母双方提供的生殖细胞，在母亲体内孕育，所以我们虽然讲过"人性本私"，但是孩子从严格意义上来说，就是父母自古以来不可分割的"一部分"，主权和领土完整不容分割。其他的例子，不举了，请读者自己体会。

另一方面，"不记生恩记养恩"，由于个人认知、外部道德、社会习惯等一系列复杂因素，即使我们不考虑生育的原因，十几年的相处也会让父母形成习惯。还记得我们之前说过，"习惯"的力量会打破"即时享乐"的困境吗？这里的父母，也会打破"人性本私"的天性。

在理解父母—子女感情纽带的特殊性后，我们正式开始。

小时候，一些长辈经常教育我：宝宝，你以后要懂得尊老爱幼。

我那个时候刚刚上小学，正是七岁八岁讨人嫌的年纪，人不嫌狗也嫌，老母猪看见瞅一眼。

所以我就比较逆反，大叫道："对对！您要尊敬爷爷奶奶，然后爱护我！"

然后聊天结束。

其实孩子很小的时候，就很懂事了，你什么意思，他都知道。现在想来我当然觉得，尊敬老人是非常非常正确的，但是利用传统观念给孩子"扣帽子"或者"道德绑架"就很不好。

你想，一位长辈告诉咱们要"尊老"，因为传统美德就是这个，言外之意是什么？

你得尊敬他，因为他老啊。然后呢这是传统美德，你不尊重就是"大逆不道"。

何必跟咱们拐弯抹角？你直接告诉，得尊敬你就完了，你是长辈，孩子们这么做理所应当。但这还"师出有名"的，面子里子都要，恐怕"不得孩心"。谁也不是个傻子。

所以，传统观念，就是建议，不能用来"道德绑架"。新时代，有新时代的"游戏规则"，即便是高于一切的"法律"，都与时俱进。

我当然一直认为尊老是非常必要和重要的，后面会讲到。但是原因决不能仅仅是"传统美德"说什么，就是什么。那我们长个脑子是干什么的？传统还说要三纲五常、要卧冰求鲤，等等。要是一点儿批判性思维都没有，还能指望我们为中华之崛起而读书吗？这样的人，就往往是被人随便一忽悠和利用，就上街搞破坏还"倍感骄傲"的——自己还在"罢课"，当时利用他的人，已经去耶鲁了。这样的人，别说对社会无益处，他们的存在对社会简直是风险。

所以我们一定要有批判性思维，有独立的人格和思考。不是老师父母说什么，就是什么；也不是书里写什么，就是什么。没有人有资格告诉你，你该怎么做。就算长辈和书本说得对，万一表达有问题，你误会了呢？你怎么知道你没有误会其中的意思？每个人都应该自己寻求真理和适合自己成长环境的处世策略。

我一直尽量坚持自己的行事风格，用自己"做实验"，即使实验可能付出或者已经付出了高昂的代价。策略只因为"实验结果"调整，同时参考长辈、朋友的意见，但是不可能别人指使我做什么，我就做什么。

很多"传统美德"是好的，但是讲话的人有自己的立场，他有自己的利益或者情感诉求。

我很少见到一个老人，是自言自语说要"爱幼"，也没见过一个小孩，自言自语说要"尊老"。你的"美德"，自己的道德标准，不要框别人；你的"益达"，自己嚼过的口香糖，不要给别人嚼。

好啦，我怼完了。关于"自由之思想，独立之人格"，我会在"本章最后的话"中细聊。

这里只表达，父母一方面要有自己的"独立思考"，一方面要注意培养孩子的"独立人格"。

这比多背几段《弟子规》有用，他不会因为背了"父母呼，应勿缓，父母命，行勿懒。父母教，须敬听；父母责，须顺承"，就真的变成"小绵羊"，再也不叛逆了。你以为这是咒语吗，那么神奇？

背的东西，最后大部分都要忘记的；思想和人格，会跟我们一辈子。

长大后，我和上文提到的一位长辈聊天，就是不愿意透露姓名的我爸。

有一天我放假回家，主动做了一些家务。孩子做家务一直是"老大难"问题，尤其在我们家，因为我经常故意没有"眼力见"，看不见活儿。

我爸看后，甚是欣慰，夸我懂事了。我们也顺便聊起来很多，包括孩子教育等等，我们俩都感兴趣"教育"类话题。

我和他讲："老爸，其实你告诉我什么尊老爱幼，我都明白，但我就是不服气。"

"不服气？为啥？我从小就这么教育的，你为啥不服气？就因为你是 90 后吗？"我爸一个白眼。

我说："爸，您一个大人，告诉一个孩子要尊敬大人，您不觉得没有说服力吗？您好歹得避嫌啊！"

"你个臭小子！数你机灵。"他顿了顿，"那你说我该怎么说？"

我回答："百善孝为先，绝对是非常非常有道理的。"

为什么呢？

首先，父母从小照顾我们，要以德报德，这首先没的说。而且出于同情心，我们应该体谅父母。

其次，对于一个人来说，谁都希望自己老有所养对不对？那你如果从小对长辈不尊敬，你觉得自己的小孩会是大孝子吗？

最后，"孝顺"是一个信号效应，你这个人知恩图报，大家都愿意帮助你。如果你连自己的父母都不孝顺，那你还能记得谁的好？谁还敢帮助你？

出于这三点，我起码可以说服自己去心甘情愿地体谅父母。

然后我在我爸赞同又赞叹的目光中，起身潇洒地走了，帅气地挥了挥衣袖，不带走一片云彩。头也没回地去厨房给我妈帮厨去了。

所以从我想通这个道理之后，我自己，已经有足够的理由和动机去体谅和孝顺父母了。我们孝顺和体谅，不是为了《三字经》或者"传统美德"，是因为我们自己知恩图报，同时也为我们自己的将来。

讲完了"孝顺"话题，我们再去看"管束"。

我从小就不服管，我和大家讲过我偷吃巧克力还把卫生纸包进去，放回原处，回农村就想方设法拿鞭炮炸炉子玩。十岁之前，大人生气我就开心。这也是前文，我小时候和长辈们"唱反调"的原因。

但是事物的运动是复杂的：我的很多同学，天天怼天怼地，其实他们对社会最热心，也最忠诚。班里越调皮的孩子，往往和老师感情最深。

我小时候做过很多恶作剧，把胶水粘在电话上，在门上摆个盆。高中就懂事了，但还是翘晚自习去吃"萨莉亚"，当时的零花钱只吃得起20块钱的披萨。我真想给读者一一讲述，但是三天三夜也说不完，咱们篇幅有限，大家充分发挥想象，我就不多说了。

就是这样，像歌曲《童年》里一样，"一天又一天，盼望着放学的童年"。在高三的一天，我意识到，我彻底失去了些什么。

我意识到，有人管我，是多么幸福。

当时高三最后一学期，马上就高考了。我们班是竞赛班，但是竞赛保送北大清华的名额实在是太少了。所以我们考完后没有保送的同学，回归课内，补齐高三落下的半年左右的课内复习。当时其实心情是很失落的，我和我的朋友"大高个"，经常在学校晚自习良性竞争。

有一天，我们俩觉得班里太吵了，就躲到一间教室里面，那是学校分给竞赛班的备赛教室。刚刚结束竞赛，学校还没来得及收回。我们俩就在教室的大对角，一个人占一个角学习。晚自习铃响了，按规定要回去了，我们俩对视了一眼，默契地继续学习，没有回班。

我们本以为不开灯，宿管老师不会进来"查房"。

结果我解析几何刚刚算了一半，忽然感觉头皮发麻，一抬脸，我的眼神和窗户小玻璃后面一双"幽暗"的眼神"撞了个满怀"。我们俩四目相对,我认出门后的是那位,住宿的同学都尊称为"灭绝师太"的宿管阿姨。我一般和人对视的时候,都不会怂。但是当时我还没有学"九阳真经",所以赶紧低下头,假装没看见,继续算题。

这当然够不上处分,毕竟大家那么爱自由,要是这么点儿小事都要处分,学生没法毕业了。但是"灭绝师太"是所有宿管阿姨里面最严格的,学校出的违纪处理她一个人能占一半。别说什么"我爸是李刚",你爸是年级组长都没有用。因为每次被记过要通报批评,老师会知道,周五班会上会被点名。所以实际上,我已经完全没心情了,我在作业本上画着"海绵宝宝"。

我低头一边画海绵宝宝,一边希望她记性不好,快点儿走开。

"咔——"的一声,门开了,"你们哪个班的?怎么不在自己的班里?"音调很高,表情严肃。

我有所准备,"大高个"被吓了一跳,我们赶紧说我们是竞赛班的。

"竞赛不是上周都结束了吗?"宿管阿姨继续问。

"灭绝师太"果然消息灵通,我们只能乖乖报告名字和班级,准备被"遣送"回班。

没想到"灭绝师太"听到我们是高三的,立马温和起来,露出了一副慈祥表情,用温柔如"周芷若姑娘"的声音说:"高三的?啊呀,还有三个月高考了,你们加油呀!我以为你们高二的,没事没事,就在这儿吧!我走了,不打扰你们。"说着,轻轻地把门关上走了。

我们俩惊呆了,这……这还是"灭绝师太"吗?原来她还有"芷若姑娘"的嗓音。

劫后余生,喜上心头,为自己的"高三特权"得意着。

但我的思绪被打乱了,我在海绵宝宝旁边,接着画"光头强"。

画着画着，我忽然感到无比的失落。

我为我们的"高三特权"感到失落。为什么"灭绝师太"变成"周芷若"，人家不管你了？你要毕业了，你马上就不是这个学校的人了，谁有力气还去吓唬你？

那天晚上之前，我一直觉得，我跟着老师的复习，我跟着大部队就没问题。我们同学都聪明，大家没事考试前就套老师的话，看看重点是什么，然后互相分享。但是高考有的套吗？

我们之前叛逆，一直觉得，老师管着我们，我们不能被压着，我们要叛逆。语文课不能翘，我起码翘个晚自习。

现在呢？你随便，你爱来不来，你想干什么干什么，学校不管你了。再过三个月，考完了，你几点起都没人管你了。

我才意识到，老师其实是在帮我们。我曾经反感我们周六还要加一个模拟考试，我有一次做英语，到最后一个阅读的时候，心态忽然很崩溃，七选五都涂 A，爱谁谁。老师又着急又生气，还得安慰我的心情。

现在想想都很奇怪，人到了高三，不成熟的年龄承受很多不合适的压力，偶然中也有必然。

那晚之后，我再也没有反感过周六考试了。其实我们学校已经补课很少了，高三还是四点半下课，全国没几家高中敢这么玩。洒脱的背后是实力。

那晚之后，我也感受到前所未有的压力。我叛逆了 18 年，我感觉自己一直在一个房子里，我越爬越高。我希望有一天可以看到绚丽的星空，但是总有天花板挡住我。那一晚，我好像揭开了一直挡着我的"天花板"。我抬头望去，不是星空，而是暴风雨。

这么多年，一直在我们头顶的父母、老师，还有各种校规校纪，就像天花板一样。这个天花板其实不是为了遮挡我们的视线，更多时候，它们是在遮风挡雨。

我终于看到了"外面的世界"，只有你足够强大的时候，才能欣赏它的魅影。如果你很弱小，那你只能跌入泥土。我当然不够强大，我畏畏缩缩地退回来，假装没看见外面的世界。

在我的世界里，那个曾经调皮捣蛋的"我"，曾经与天斗其乐无穷，与人斗其乐无穷的"我"，第一次抱着膝盖坐在角落里。

我思索了一下，我还有时间，我还可以做三个月的"宝宝"。

在这段时间，我需要抓紧时间，成长起来。我开始理解老师和父母的角色的意义，我开始非常配合，甚至发自内心地感激。

写了无数遍感激父母老师的作文，那一夜我什么都没写，但我发自内心地感激他们。

毕业后的一年，我还经常回去看老师。毕业第二年，操场变了颜色，很多老师和学弟学妹都不在了。我们也不经常回去了，校服还是熟悉的校服，里面的人都变得陌生了。

每次和朋友回去，我还会经常跑到那个教室再看看，偷偷拍张照片，然后继续跟上朋友的脚步。

还记得我们一直讲的客观吗？我们在天花板下面，觉得外面遍地黄金。实际上，不当家不知柴米贵，真到自己成为决策者的时候，就会知道，义务也会随之而来，就会理解，当年那些管束，也不是全部都没有道理和意义。

当然，在理解父母（包括老师）的同时，我们也可以尽量去影响他们。

教育看似是单方面的，但它也是"影响"。和牛顿第三定律（F=-F）

"力的作用是相互的"相似，"影响"是相互的，他们在影响我们，我们也可以去影响他们。

我们一方面通过客观看待自己和家长的角色，从而理解每一个人的行为都有合乎逻辑的地方，甚至是必然性的地方；另一方面，我们理解的目的，就是为了影响他们，甚至改变他们。

家长（老师）也是人类，甚至青出于蓝而胜于蓝。说白了就是，我们比他们强；换句话说，他们不如我们。他们也有自己局限的地方，我们看到了更广阔的局面，如何影响他们？

这就需要力量。还记得之前提到过，任正非任哥说过：红军要统筹全局，而蓝军只要攻破一点。翻译一下就是，你蓝军不要天天挑个毛病就洋洋得意，你换位思考一下，红军要做多少事？

为什么很多只会抱怨和讽刺的人，天天朋友圈怼天怼地怼空气，穷其一生只能是边缘人。你看看周围真正的大佬，人家朋友圈半年可见，但是进去是一条杠——半年不发一条朋友圈。从概率上来讲，一个人能战胜自己的表达欲，专心做事，他肯定更可能获得事业的成功。当他有这个实力的时候，他才有改变世界的机会。

为什么说这个？就是告诉我们，要想做"将军"，就要习惯从红军角度出发思考问题。蓝军也很重要，但是如果一辈子都以挑毛病为生，容易变成暴民。这样的人，不是谁去排挤他，致使他不能领导大家，而是如果他做领导，对组织是有害的，组织里的每一个人都不是傻子。这个道理对家庭、企业甚至国家都适用。

日常生活中，老师家长就是红军，我们就是蓝军。他们负责藏巧克力，我负责偷巧克力。

有一天，我们长大了，家庭会出现权利争夺，这是每个家庭都会有的现象。有的家庭，家风温和，会好很多。有的时候，闹得很凶，甚至很僵，非常常见。

其实父母通常不愿意放权，不是因为我们不够犟，或者不够坚决。越闹腾，事情越糟糕。他们不是不愿意把决策权交给我们，前面讲了，权利的背后是义务。而我们小孩子，做事只看一个方面，知道吃糖开心，一直吃，直到长了蛀牙。他们怕我们搞砸了。

所以，我们要展现出我们的力量。告诉他们，我们不当家也知道知柴米贵，而且我们准备好了，有能力也有信心应对未知的困难。

权利不是抢出来的，是干出来的。

我写书时，咨询过很多朋友，有一个普遍问题是"与父母长辈如何言论平等？"

这也是困扰我很多年的问题，相信也是很多读者的问题。

我个人的经验是，平时学习的时候，我会很注意积累。我会把我知道的有趣、有用的给父母介绍。在家的时候，不一定要做小奴隶，但是起码生活自理。甚至有时候，你在他们早上洗漱的时候，悄悄把全家被子都叠好。我是男生，力气大，所以三下五除二。女生可以去做做早餐什么的。同时生活中，多去关心父母遇到的问题。因为我们是孩子，很多事情不应该掺和。但是很多事情，我们是可以出力的。一开始他们可能不信任我们，怕做砸了。时间长了，发现我们比他们还细心，我们见识多，预判准确，体力和心智皆不弱于他们，他们自然就放心了。

当他们很多事情都依赖我们的时候，"拐棍效应"就形成了——他们离不开我们了。这个需求，就是我们的话语权。咱们看收费的东西，比如电话、短信、电视收费点播，现在怎么样了？咱们再看看，免费的东西，微信、QQ、B站和YouTube，它们怎么样了？腾讯、阿里一个企业赶上一个小国家。

需求的背后是力量，服务才能有需求。

所以还是那句话：权利是干出来的，不是抢出来的。

这一节内容较多，我们梳理一下。

首先理解了"不当家不知柴米贵，不养儿不知父母恩"，我们要理解父母的良苦用心，即使他们有所局限。

然后我们要"不当家也知柴米贵，不养儿亦懂父母恩"。

最后要交代的一个部分就是，我们要记住，"当了家也不知当时柴米多贵，养了儿也不懂当时父母之恩"。就像我们时刻提醒自己，我们永远都不够"客观"一样，即使我们未来当家，有了孩子，我们也不能自以为就懂了我们的父母。爱不能比较，当时的历史，谁也没法还原，你永远不知道父母吃了多少苦，对你的爱多真诚。

我曾经骄傲地以为，以我的年龄，目前所成就的事情，或者身体力行的道理，要比同时期的父母强。在某些方面，我确实是还可以的，但绝不是全部。当时元宵节的一封信，让我意识到，我是盲目自大的。有些事情，你不俯下身子，你不知道自己的渺小。

这封信是元宵节因为疫情，我母亲一个人在家过，我给她先写了一封信，她给我的回信。我经过她的同意后放入书中，除隐私信息外，原汁原味誊写如下：

儿子元宵节快乐：

元宵节收到你的信很惊喜，字里行间跳跃着你对疫情的担忧和信心，感觉你是个心中有大爱的孩子。

你说妈妈强势、不温柔，那是因为你的幼儿、童年时代，爸爸在外地工作，妈妈独自一人拉扯你，你小时候超乎寻常的淘气，妈妈单位又很忙，所以对你很严厉。有时，你也会反抗，和妈妈吵架、对抗。后来，你考上了北大，有一天，你坐在沙发上很诚恳地说："妈妈，虽然不喜欢你对我那么厉害，其实仔细想想，小时候，我那么贪玩，如果当初你不是那样强势地阻止我玩游戏，逼着我看书，和我一起学习记笔记，由着我的性子玩，那我肯定考不上北京×中，或许就进不了北大，当然，上了高中以后，我就知道努力学习了，也不用妈妈用强制措施管理了。妈妈你还是功不可没的。"你当时这样评价，妈妈很欣慰，谢谢你的善解人意。不过以前妈妈曾经动手打你的事，想想还是挺后悔的，也请你原谅妈妈的急脾气。

前两天你和妈妈说，你喜欢热闹，而且朋友也多，对孤独寂寞感悟不深，想让妈妈谈谈面对孤独寂寞时，应该怎样面对。其实，每个人最孤独寂寞的时候，就是遇到困境时，没有人可以帮你，也无法求助任何人，必须独自一人去闯难关。仔细想来，妈妈感觉自己最孤独、最迷茫、最无助的就是在家乡医院保胎的那几个月。

事情还得从孕育你开始说起。那是 1996 年元宵节一天晚上，妈妈和几个亲戚上街看花灯顺便在街边吃了点儿小吃，回家后觉得头晕恶心，总想呕吐，第二天去医院检查，发现自己第三次怀孕（孕期 38 天）了，之前由于种种原因，前两个孩子妈妈不想要，都打掉了，第三次怀上你时，医生说不能再打掉了，否则会造成习惯性流产，于是就留下了你，准备做个好妈妈，用一生来呵护你。

由于之前接连两次做流产术，怀了你第 2 个月就出现先兆流产症状，医生开了保胎药，在家休息了两周情况稳定后，才小心翼翼地去上班。记得那是怀孕 3 个多月的一天，上午 11 点左右，妈妈像往常一样正在办公室写材料，突然感觉身后的墙被重型机器狠狠撞了一下，并发出一声巨响，文件柜里的东西噼里啪啦掉到地上，妈妈条件反射地跳起来，但感觉身体打晃站不稳脚。懵懂之际，听到一个当过兵的老干部大喊一声：地震了！从未经历过地震的妈妈瞬间被恐惧攥紧，下意识地护住腹中的你，拼命向楼下冲去，第一个从三楼冲到外边的马路边，一屁股坐在马路牙子上，心要从嗓子眼蹦出来，双腿瘫软不住地发抖。随后冲出来的同事，吃惊地说，我的老天呀，平时你那么小心翼翼地走路，刚才跑得可真猛啊。妈妈也不知道当时怎么会跑得那么快，当时心里只有一个念头，咱娘俩不能有一点闪失。之后，妈妈爸爸住进了地震棚。转眼夏天就到了，地震棚的滋味很难熬，咱们那里早晚温差很大，白天穿短袖很热，晚上盖着棉被很冷，1个多月也没睡一个好觉。一个风雨交加的夜晚，地震棚潮湿阴冷，妈妈感觉腹中坠坠的痛，伸手一摸，发现身下流了一摊血。妈妈很害怕，担心失去你，去医院的路上眼泪止不住地淌。医生诊断为完全性胎盘前置，说情况比较凶险，建议做掉胎儿，否则会有生命危险。那时你已经4个多月，在腹中会踢妈妈了，怎么忍心做掉啊。于是决定住院保胎，每天只能一个姿势在床上侧卧，不能下地活动。从6月11日到你出生，先后经历了11次出血。最凶险的那次是孕期刚满26周的夜里，巴掌大的像肺一样的一块"肉"随着血流冲出体外。妈妈小心翼翼地捧着这块"肉"交给医生，万念俱灰地对医生说："完了，孩子肺好像出来了。"医生用力一捏，说是血块。看着床上那么大一摊血，医生又一次担心地说，太危险了，做掉吧，你这么年轻，留得青山在不愁没柴烧。妈妈斩钉截铁地拒绝了。提心吊胆等到天亮做了B超，腹中的你依然完好。爸爸和小姨晚上轮流陪护妈妈。最难熬的是白天，病床挨着窗户，望着窗外如织的行人，好羡慕他们可以自由自在地行走，而妈妈只能一个姿势躺着，而且随时会大出血，有生命危险，最担心的是出了十几次血，胎儿会不会不正常，妈妈会不会因大出血丢了性命，如果妈妈不在了，你怎么办？恐惧、担忧、孤独、寂寞时常裹挟着身心。你在腹中时不时地伸胳膊蹬腿。摸着腹中的你，妈妈对自己说，孕育孩子这件事谁也帮不了你，只能自己硬扛，坚持挺住，不管生出来的孩子是怎样的，一定要拼尽全力用一生来保护好你。

苍天不负苦心人，在医院里煎熬了140多天之后，凌晨12点40，3608克、足月的你终于和妈妈爸爸见面了，五官和爸爸一模一样！望着粉嘟嘟全须全影的你，妈妈流出幸福的眼泪，为自己闯过重重难关喝彩。

一晃24年了，其间不乏有孤独寂寞的时候，不管怎样，只要心中有爱有念想，就有精神支柱，只要支柱不倒就会有希望有收获。

妈妈知道，情商、智商都高的儿子善解人意、刻苦努力，有理想有抱负，淳朴善良，心中有大爱，孤独寂寞对你望而生畏。

妈妈

2020 年 2 月 8 日 23 点 09 分

看了这封信，本来因为疫情在家无聊到浑身难受的我，立马就不难受了。我之前只知道，妈妈怀上我之前，流产几次，所以我特别容易"掉"。据说妈妈有一次就是，回农村时因为土路颠簸，就流产了。我一开始也是没有感觉的。直到我有一次看到一个视频，是讲述流产手术过程的，看到夹子直接夹碎几个月大的孩子的身体，把残肢强力吸出，才知道为什么现代都反对堕胎，真的太残忍了。

连续半年几乎保持一个姿势，失去自由的时候，才知道窗边的一只鸟都能看一个小时。最难熬的是"恐惧"，25 年前北方二三线城市的医疗水平，死亡不是一个很远的概念，它可能在每一个下一秒，都会是一个命运的选项。即便是亲人陪你，关心你，医生认真负责了解你的症状，但他们都不是你，没人能100%体会你的感受，没人能代替你面对"恐惧"。还有就是，无奈命运的不公，别人两三天生完就走，为什么到自己身上就这么多磨难，而且经历了这么多，还不知道会有什么结果。为什么这么不公平？

即便无数人为你摇旗呐喊，面对命运，你还是一个人。

看完这封信，我一方面非常感动，一方面想象当年的情景。其实妈妈多年没有写东西，比不上我们学生，几句话可以煽情，更比不上朱自清的文笔，人家几次"背影"还能串联全文。但是字里行间都是真实，就像一台老式摄像机，把25年前的画面，黑白交叠地放映在我眼前。也许医院外面同样是一个"月台"，也许桌上还放着朱自清同款的朱红的橘子。没有抖音和头条，当时连BB机都买不起。到了下午，仔细辨认着来往的脚步声，是不是自己的丈夫；仔细听着门口的医生，是不是在讨论自己的情况。第二天早上，在马扎上坐着睡了一夜的丈夫，起身悄悄离开。睁了睁眼睛，没有出声地望着他，他悄悄离开的背影，一个未来父亲的背影。仔细想来，竟然和朱自清《背影》中的父亲的背影有几分相似，只是多几分瘦削。

同样的朱红的橘子，同样的背影，同样一个喜欢"自作聪明"的小朋友。

我开始反思自己，在家里，父母非常尊重我的选择和感受。我当时很乖，不会肆意妄为，但是逐渐广阔的视野和批判性的精神，总让我觉得父母已经落后于我。我当然不可能去瞧不起，但是我确实经常感到失望。为什么我的母亲或者父亲，不能是一个大教授，不能时刻保持聪慧的头脑和勤奋的思考？我与他们讨论经济、金融、新材料、新能源、日常医学等等，他们都完全跟不上。只是关心我吃饱穿暖这些我丝毫不在意的事情。我常常自以为是地觉得我已经完全理解他们了，同时也完全超越他们了。

看了这封信，我动摇了。我知道他们肯定辛苦，但是其实我不可能还原每一个细节。他们看到我博学思考，一定是骄傲的。但是他们看到我骄傲自满，一定是心焦的。我有时候也会忍不住，当看到他们判断过于失误的时候，会埋怨几句。其实我哪里能 100% 真正理解他们的苦衷呢？凭什么我是对的呢？面对我的强势，也许他们很委屈，但是又不容易讲出来。引用朱自清的一句话，"我现在想想，那时真的太聪明了！"

我为我的莽撞和自满感到暗暗羞愧。当你不再"虔诚"的时候，你就在危险地"膨胀"。最后的部分，我只想表达，我们现在年代好了，我们也许永远不会理解上一辈人所经历的事情。出国留学，高校教授，年薪百万都不再是个例，我们今天的成就，有很多是踩在上一代人肩膀上的。

我们不应该拿我们的成就，去和他们硬比，这是不公平，不厚道的。他们早生 30 年，他们的苦难、他们的迷茫和他们的委屈，我们这一代永远也无法想象。

我们能做的，就是努力理解，努力分忧，努力虔诚。

我看到过一篇文章，一个亲子鉴定中心的工作人员写的。来检测的都是有怀疑的，所以几乎 33% 都不是亲生的。有人想贿赂他，有人去威胁他，有人跪下求他，他还是坚持原则公布上天的结果。

因此他见到无数家庭支离破碎，也看到劫后余生的喜悦。他看到有男子带着孩子过来，看到结果后，先是呆滞，然后丢下孩子就走。孩子在后面边哭边追，孩子是多么的无辜啊。他看着心都碎了，他觉得自己和那个做错事的母亲一样残忍，但是没办法，这是职责所在。

他也见过，有的男子带着孩子悄悄过来，检查之后发现没有血缘关系，一阵沉默后，撕了检测结果，一句"谢谢医生，麻烦您了"，拉起孩子的手，径直走了。

人们常说父母恩，但是我觉得"恩"有点见外了，我喜欢用"情"。"恩仇"可以泯，但"情"难断。

人一生最孤独的就是你的成功喜悦，没人可以分享。世界上真的能见得你好的人，其实没那么多。即使是伴侣，也担心你会不会因为成功而变成"陈世美"；你的朋友担心你会不会"苟富贵，立马相忘删微信"（当然这太夸张了）。你身边的人，为你高兴是一方面，但是不可避免地也会因感到压力而不爽。

能100%，甚至120%为你高兴的，只有你的父母。遇到危险能替你挡下死神的，可能只有你的父母。

《圣经》上讲，孩子是上帝给父母的馈赠（产业）。仔细想想，父母才是上天给我们的馈赠。

小时候，我读朱自清先生的《背影》，我以为自己读懂了，其实什么都不懂。长大后，我再去读《背影》，里面的每句话我都能逐一分析了。

我以为自己读懂了，其实我懂的是当年的朱自清。

历史不会重演，但总是押着相同的韵脚。

1925年的朱自清，和95年后，2020年的流口水儿。

世界早就变了模样，但是同一片土地上，两个同样喜欢自以为是的青年，同样在写着自己一生也读不懂的背影。

3. 永远发烫的电视机

——孩子都是 "小大人"

这一章，我们讲如何处理和孩子的关系。

建议家长观看，也欢迎孩子观看。

与父母、与孩子的关系，是人生中最重要的关系。处理不好和父母的关系，我们一定会后悔；处理不好和孩子的关系，我们可能会遗憾。所以这也是我一直不断试图探索的，当然我还没有孩子，所以是站在孩子的角度，写给"家长们"的。

借用岳云鹏表演时，和郭麒麟比出身的桥段。郭麒麟作为郭德纲的儿子、德云社大公子，不必多说。岳云鹏小眼睛一转，一句"观众就是我的父母"，惹得全场爆笑。

所以在此，我也和读者朋友们打个招呼："爸爸们"好！

最近两小节略长一点，"爸爸们"辛苦了！我尽量多出段子，让"爸爸们"开心！

这两节的长度也超乎我自己的想象，甚至影响了预期完成时间、全书的结构稳定程度和出版进程。但是我认为把事情剖析清楚，还是最重要的，对自己和读者尽量负责。

这一小节的脉络和重点是：

一件事情发生之前，引导比逼迫更重要。

一件事情发生之时，鼓励比批评更重要。

一件事情有结果之后，尊重比对比更重要。

抛开一切，"信任"比什么都重要。

有很多家长要强，希望自己的孩子青出于蓝而胜于蓝。但社会是要流动的，北大清华哈佛耶鲁的同学们，要都这样，考不过就打孩子，那不把孩子打烂了？

其实，作为家长，无论你是不是愿意，你都必须信任你的孩子，因为你别无选择。

一件事情发生之前，父母往往充当"老师"的角色，告诉孩子这个事情应该如何如何去处理。这个事情可能是考试，可能是足球比赛，可能是学钢琴。孩子年龄小，往往不懂事，其实他们可能也懂事，却假装不懂事，故意气大人。

我小时候多调皮，大家在前面的章节也见过了。我在这里给老妈老爸，包括被我"迫害"过的各位叔叔阿姨道个歉。小时候，我也没少挨打。尤其是男孩子，哪能不挨打。

其实，父母和孩子之间，是有很多误会，或者说"误判"的。一开始的时候，父母肯定是"好言相劝"，然后就渐渐失去耐心，开始夫妻二人"二拳映月"。毕竟，逼迫别人，比引导要轻松太多。

我自己感受比较深的是我做家务的时候。我爸是个急脾气，在我做之前，他总要先催我做家务。其实我就很不高兴，因为如果他不说话，我就是自己主动去做的，我妈会表扬我。但是现在他抢在我前面催我，毕竟我手速赶不上声速啊，好像我做家务就是被他催的，我反而就很不愿意做家务了。

孩子也是"小大人"，这是这一节反复强调的。

"指责"永远不可能解决问题。因为对方会和你"对着干"，因为对方知道，如果你催我、吼我之后，我就乖乖听话，下次你还会这样。所以一定会和你 "对着干"，给你负反馈。孩子虽然小，他们嘴上说不出这个道理，但是心里跟明镜似的。通俗的名称就是 "怄气"。

如果家长们看到这个例子，只是莞尔一笑，觉得好玩，那咱们举出个严重的例子。

我之前看新闻，一个母亲把车停在高架桥上和孩子吵架。因为车停下来，愤怒的孩子开门跑出去，毫不犹豫地跳下桥去。母亲在后面追，但是就差一秒钟，没有拉住孩子。网络上的信息是，120赶到后孩子已无生命体征。视频中，母亲崩溃大哭。网络上，70后都怪孩子太自私，不为父母考虑；但是年轻人，大多数认为母亲其实也是自私的。

在一个更加强调 "孝顺"，强调 "不养儿不知父母恩" 的环境下，没有人去尊重孩子。有家长还总认为，孩子是自己的 "财产"，毕竟自己身上掉下来的肉，可以随自己处理。咱们不予置评。

我们对事不对人地讲，这个现象揭露了千百万个家庭的情况。就问所有80后、90后，谁小时候没被打过？谁小时候没被冤枉过？谁小时候没有被父母气不择言地评价，其实就是侮辱过？

又有多少孩子被冤枉和粗暴对待后，曾经动过至少一次以自杀报复父母的念头。

这种事情，很少有人敢拿到台面上来讲。

但是有些事情，不说破，就会一直 "兜圈子"。

逃避绝不是解决办法。

父母应该承认，自己至少偶尔有过偷懒和自私的瞬间。

父母当然为孩子好，哪怕看起来不好，也可以讲成 "为你将来好"。实际上很多父母的教育理念，就是偷懒又自私。

谁都知道引导很累，粗暴是爽的。你是怎么做的？

谁又能在 20 年间，没有一次失态。

但是又有几个父母"诚心诚意"地向孩子道歉过？

母亲跟在孩子后面，就差一秒钟没拉住这个一时冲动的少年。如果能少责怪一句，再快一步，是不是就少一个残缺的家庭了？

有的时候，就是这"一秒钟"，你抱他一下，就抱住了，你骂他一句，就推开了。

天天打，天天打，孩子就会被你打成一个扎手的"大刺猬"。

在一件事情努力的过程中，鼓励比批评更重要。其实鼓励也是引导的一种方式；批评也是逼迫的一种体现。很多教育大师，也都是这个观点，都是很正确和实用的。我这里，多说一点不一样的。

鼓励要真诚地鼓励，批评要真诚地批评。

就像我之前说的交朋友一样。你真心觉得孩子做家务是"懂事了"，你去鼓励他，和你为了"引诱"你的孩子做家务去鼓励他，孩子是能看出来的！

还是我做家务的例子，我和我爸谈了，告诉他要多鼓励我。加之各种网上反面的例子的"恐吓"，他坚定地支持我的观点。所以我一做家务，他就立马鼓励我。

一开始我觉得还不错，但是我洗个碗，他夸我把 15 块的瓷碗，洗出了"汉白玉"的感觉，实在是让我困扰了。

其实我也感觉出来了，他这是"引诱"我干活，正向"绑架"或者是"捧杀"。

但有一次，我偶尔听到我姨跟我妈悄悄夸奖我，说我现在比以前做家务有进步了，我就倍感开心，因为这是真心的。

但是孩子不可能不犯错误，大人们批评的时候，也要真诚。

我在抖音上看到一个 "教程"，孩子和爸爸谎报书本费骗钱的事情，爸爸应该如何处理。

小时候很多小朋友都耍过小聪明。这种情况下，父亲肯定当面拆穿，然后孩子哑口无言。父母恨不得把孩子的面子撕下来在地上踩几脚，让他再骗人撒谎。但这样处理之后，孩子再也不会和你交心了。

但是，如果父亲把 100 块钱给孩子，温柔地说："宝宝，爸爸听说书本费是 50，但是你既然多要 50，肯定有自己的难处。爸爸就多给你了，如果这多出来的不够，你可以和爸爸讲出来，爸爸再给你想办法。"

这个时候孩子肯定羞愧万分，又无比感动，然后直接承认错误，然后还钱。理由可能是想给隔壁二年级三班的班花买生日礼物。

这个时候，爸爸告诉孩子，可以把这多出来的钱留下来，并且帮助孩子一起挑礼物，写贺卡。哪怕最后被女神拒绝了，也是爸爸陪着孩子一起被拒绝。这段经历，是多少父亲举着 50000 块钱也买不到的。

所以，要真诚地鼓励和引导孩子，不能做做样子；就算是批评，也要真诚。

在一件事情发生之后，有了结果，父母千万不要拿别人家的孩子和自己家的比较。我小时候就被比较过。我一般来说，怎么样都不会孬毛。但就是被拿来比较的时候，非常非常生气。相信大家也一样，我们都有一个共同的 "敌人" ——别人家的孩子。

这样的 "比较" 是非常不尊重人的。每次，父母拿我们去比，我们反抗，他们揍我们。每次我们拿自己父母和王健林叔叔比的时候，他们也会揍我们。为什么？他们觉得你不懂得感恩，爱是不能比较的。

但是，孩子也不是工资条，为什么要和别人比？

也许咱们确实成绩不好，但是咱们有个性啊。老师让学习，咱们偏不，怎么样？多有个性。

也许咱们确实体育不好，但是咱们肉肉多啊。你想，同样费劲生出一个孩子，人家只有100斤，咱们150斤，怎么样？是不是够赚的，满100送50呢！

也许咱们确实身高不高，但是咱们省钱啊。一把年纪了，坐火车都是"儿童票"，多美的事儿。

凡事往好处想嘛。

有的时候，尊重比对比更重要。

其实我小的时候，因为特别调皮，小学之前成绩也是马马虎虎。因为时间和智力都用来和大人"斗智斗勇"了。

那时候没有电脑，都是电视，最多有一个VCD放《奥特曼》光碟。老式电视机，又沉又容易发烫。

我妈每次去散步，大概40分钟，我怎么能放过机会？不是小怪兽打起来，就是亚古兽超进化机械暴龙兽。再或者就是《百变小樱魔术卡》里面"隐藏着黑暗力量的钥匙啊，在我面前展现你真正的力量，封印解除——"

妈妈回来了！赶紧关了电视，盖上电视布，连滚带爬加跌跌撞撞回到书房，随便翻开两页，假装做题。

我妈一开始还喜欢揭穿我，后来忽然有一天就不揭穿我了。可能是我未来坐着时光机，把这本书给到了十几年前的妈妈手里。

再后来的很多年，我都上大学住校了。我和我妈聊起来，她开玩笑说我小时候不听话，说家里电视机，总是烫烫的，但是有一次我学了一天，晚上看电视她揭穿了我，还说谁谁谁就很听话，学习也好。

平时挨骂超级坚强的我，那次崩溃大哭。

事后，我一本正经地和我妈说："妈妈你这么说，太伤我自尊了，我明明学了一天，为什么不能看一会儿电视机？你生我出来，就是用来和别人比的吗？"

其实这个事情我早就不记得了，但是我妈说她印象深刻，所以后来都睁一只眼闭一只眼了。她意识到拿我和别的孩子比来比去，是为她自己的自尊心多一点儿而不是完全为我考虑。

所以我们家的电视机，总是发烫的。但是每次我自己知道看电视太多了之后，也开始用心学习了，毕竟已经没有人和我"斗智斗勇"了。

孩子就是一个"小大人"，他有自己的想法和判断，也需要面子和尊严。

我妈看了看书房"假装"努力学习的我，摸了摸发烫的电视机，整了整电视布，一声不响地到厨房做晚饭了。

多年之后，我是感激的，我也会向她学习。我自认为我的"教育"水平，不一定能比我妈强。

说一千道一万，什么是"言传身教"？

父母说一百遍，孩子也不去做，因为就像以前的"国民党"的"给我上"，没有说服力，孩子也不是傻子。

父母做一遍，孩子就会模仿，就像解放军的"跟我上"。可能是客观公正的态度，可能是一次放纵地发火，不声不响中，孩子都学会了。

如果你明明暴躁，装着温和；明明嫉妒，装着宽厚；明明小气，装着大方。

你以为自己是个演员，孩子什么都不懂，孩子会温和、宽厚、大方。

"闹太套"，不要再你以为了。

孩子都看得穿，他像你一样，会暴躁，会嫉妒，会背后讲坏话，而且还会"演戏"，比你演得还真。

教育孩子和交朋友一样，抛开奇技淫巧和方式方法，父母一定要真诚。交朋友中，我们提到，你再聪明就是一段时间，之后一切都会大白于天下。所以虚伪的前途是有局限的。

对孩子更是这样，他涉世未深，当然被你玩得团团转，但是有一天他都会明白。

最后，我想说的是，无论事前、事中、事后，信任最重要。长江后浪推前浪，我们终有一天，要把接力棒传给下一代。再过二三十年，科学家会是 90 后，外卖员会是 90 后，国家主席也会是 90 后。

2020 年元旦的时候，大家惊呼，20 后出生了，他们看 90 后的眼光，就像 90 后看 60 后一样。加上晚上给我送外卖的小哥哥，看起来真的就是高中生的样子，而我已经是研究生了。一瞬间觉得自己真的又老又不中用了。天天被人黑自私和自理能力差的 90 后，不知不觉也要变成大叔了。

所以，我们不得不信任我们的下一代。也许他们还幼稚，还青涩，甚至还自私。

信任是我们别无选择的。

有时候，孩子才是父母最好的老师。

还记得之前正月十五我妈给我的回信吗？有回信肯定有去信，我不撩我妈，我妈才懒得给我回信呢。依然是原汁原味誊抄如下：

妈妈好，

今年你元宵节一个人过，过两天就要上班，不知道你最近在饮料瓶里面种的豆芽吃得怎么样了？视频时，看起来应该是集天地之精华的大补之物。

本来以为这两天怎么也回北京了，谁知道疫情发展远超预期，很多学校纷纷启动远程授课，看起来就是持久战的样子。到现在其实还有点蒙，年前明明都打算坐飞机回老家了，疫情一来，一切都变了。我周围并没有任何人生病，所以感觉疫情离我还比较远。但是从新闻上，和各方面力度看来，现在就是战时状态。

所以虽然今年你确实要一个人，疫情期间生活质量也低，但是不要不开心。毕竟战火无常，前线的哥哥姐姐叔叔阿姨，后方的外卖员、快递员，普通人是无法想象他们春节经历了怎么样的高危和高压的环境，才有了我们目前的安全和保障，至少菜可以被送到小区里面。那些被报道出的英雄，是值得敬佩的。那些无数没有被大家知道的英雄们，他们的付出和牺牲，恐怕只有他们的妻子、孩子、老父亲、老母亲知道。他们和他们的家人都是伟大的。

与此同时，就是像我们这样的普普通通的民众。我们能做到不出门，不恐慌，相信中国，就是唯一能做的贡献了。每一位普通民众的付出，也是伟大的。默默忍受着种种不便，压制着内心的恐慌，克服着活动范围只有80平米的无聊，不给国家添麻烦。看似一点小小的付出，但是14亿人同时付出一点点，是怎样的能量？这个能量，只有我们有。

我不赞成抛开恐惧只谈勇气，抛开寂寞只谈坚强，抛开压力只谈乐观。

我理解你和豆芽这一周的寂寞、压力、无趣，等等。尤其是豆芽，因为它随时可能被你吃掉，它应该是恐惧的。

我没有理由要求我身边的人一定要乐观、坚强，否则就是不优秀，这是不近人情的，乐观和坚强只是一种选项而已。如果你就是不开心，我会陪着你不开心。如果有一天你不开心得累了，打算乐观，我也很乐意陪你一起乐观。

我会每天都和你视频，至少选一首歌给你唱。最近连天熬夜，《左手指月》唱不上去了，我可以唱我发明的，相对低32度的《右脚趾指月》，调都差不多。

前几天，我因为写文章，想采访你是如何面对寂寞的。因为我自知，自己在这方面，处理得不算得心应手，我一直是一个喜欢热闹的人。当时你讲到，怀我的时候，胎盘完全前置（凶险性前置），随时担心大出血的可能。坚持生产，以24年前中国的医疗水平，是高死亡率的冒险。半年时间都在医院担惊受怕，真的是无法想象的磨难。当然，爸爸和姨姨也很辛苦，尤其是爸爸连睡了半年的水泥地。可能这就是他后来没有再长个的原因吧。正如一位宏观首席老师偶然提到：多读书，但读书不能代替人生经历。

这两年，你一直抱怨我高中毕业后，因为住校不再和你住在一起，我们的关系渐行渐远。还把龙应台的《目送》发给我。其实我觉得，对我来说，我们的距离拉近了。尤其是我走出家门，多经历一些挫折和摔打后，变得更加温和而有韧性。在大一之前，我们三天就要吵一架。现在，我们已经有三四年没有拌过嘴了。因为我逐渐理解了，你很多让我不解的行为或者观点背后，那些合理和应该被体谅的东西。

比如你担心我考试，担心我骑自行车不安全，担心我曾经性格倔强惹出麻烦。后来信各种易经、阴阳、佛教，等等。

作为一个中国特色社会主义培养出的可爱青年看来，如果有大师跟我叨叨半天，最后就是 200 块钱摇头晃脑算个卦，或者 500 块钱卖一块看起来像金箔其实是 FeS_2（愚人金）的话，我会毫不犹豫按下 110。所以我一开始是气愤的。因为你会为了多便宜 15 块钱的菜价，一天上班回来还多走半个小时去大型市场买菜，我又是心疼的。

当年我刚上北大，大一时候年少气盛不知事，听说你节省下的菜钱 200 元，又算了一卦，我气急了说："力量是一切的前提，不好好提高自己，就喜欢走捷径。你这样迷信，我都不敢对外人讲你！"当时我还记得，强势了一辈子的你，第一次露出了闪躲的眼神，像一个做错事的小女孩。大三的时候一次偶然聊天，爸爸对我说，我大一时那次淋雨之后病毒感染，自己低烧却不知道，还去草原骑马，回来就病倒了。转氨酶超出正常值十倍，属于严重肝损伤，还一定要坚持去军训。康复之后的一段时间，你还是一直很担心，所以才去求个平安。

因此我渐渐理解了，每个人都有自己的执着，对错和理性无所谓，但必须有。在这个领域"数学分析""理论力学"和"博弈论"都是失效的。你在用你的方式，守护着我和爸爸，守护着这个家，这就够了。

至于年少无知追求的"力量"，面对世事无常，谁又真的拥有力量呢？神如诸葛孔明，东风在手火烧百万曹军，鞠躬尽瘁死而后已，也扶不住蜀汉的倾颓。强如毛主席，宜将剩勇追穷寇，不可沽名学霸王，带领四万万儿女站立于世界，也算不到爱子会早早为国尽忠与他不辞而别。刚猛如西楚霸王，巨鹿之战能破釜沉舟，百战百胜威名响彻千古，四面楚歌后却护不住最心爱的女人，一段《霸王别姬》唱湿了后世多少英雄的青衫。

汉兵已略地，

四面楚歌声。

大王意气尽，

贱妾何聊生！

相比之下，我只是一个小小书生，没有丁点儿谈论"力量"的资格。人生不易，能有一个人陪着你一起努力，一起烦恼，一起害怕，一起惊喜，便是无所求。

"父母不要求你什么，你平平安安，幸福就好。"我以前是觉得这个要求太低了，你们太小瞧了我。现在渐渐发现，这个要求真是越来越难。

人就是这样，初闻不识影中意，再见已是影中人。很多年后才回味明白当年的种种，但什么时候都不算晚。

好了，就写到这吧，豆芽是不是长熟了？快去看看吧！再不去看就成精啦，还得去求菩萨来收它，又是200元。

元宵节快乐，记得吃汤圆！

在上一节中，我们提到，作为子女可能永远都不能说自己已经百分之百地了解父母。但是我们一直在努力体谅，努力理解。妈妈一直刀子嘴豆腐心，也喜欢去操心很多事情，她叨叨得我烦了，我偶尔会不耐烦地大叫。现在我长大了，却觉得我和她距离远了。

刚刚上大学时，妈妈还黏着我，去看看我在忙什么。现在只是和我爸偷偷说，还是怀念我小时候吃奶的样子。那时候水汪汪的大眼睛，嘴里含着一个奶，小手抱着另一个，就怕别人抢走。她怀念那个把她当成全世界的宝宝。

就像小时候读龙应台的《目送》，最经典的就是《不必追》。小时候孩子怯生生地抓着自己，长大了挺着脖子像长颈鹿一样拒绝着自己的拥抱，最后公交车离去，只剩下一个空荡荡的邮筒。

"我慢慢地、慢慢地了解到，所谓父女母子一场，只不过意味着，你和他的缘分就是今生今世不断地在目送他的背影渐行渐远。你站在小路的这一端，看着他逐渐消失在小路转弯的地方，而且，他用背影告诉你：不必追。"

很小的时候，读到这里泪流满面，希望自己不要和爸爸妈妈渐行渐远。

高中的时候，其实是一种无奈，因为他们确实不懂我了，在很多方面。

大学的时候，我变得麻木，这可能就是一种人生必须经历的"无奈"，就是那种"你已经走了，而我还在原地"的无奈。今天是他们目送我，明天我也会目送我的孩子。

朱自清的背影写父亲，龙应台的背影写孩子。

不一样的对象，一样的离别。

不一样的场景，一样的留恋。

但是当我给母亲写信时，我觉得不一样了。包括我写书到现在，其实我自己的思维也在转变和进化，和刚刚动笔时完全不是一个人。

所以我也不打算按提纲写了，我自由地进步和成长，读者也看得见我的转变。

其实我们和父母的距离是拉近的。

我们经历过青春期的逆反和难为情，我们开始体会他们。看起来我们变得日渐成人，在各个方面超过父母，已经不需要他们的帮助了。父母因为"不被需要"而感到慌张。

但是父母在，家就在。

父母对我们的影响，已经深深刻入我们的潜意识和行为习惯。在未来，当我们的行为习惯和行事风格遇到困难的时候，父母是最理解我们的。因为习惯相近的他们，在人生经历中，也大概率遇到相似的事情。

虽然我们话少了，但是我们帮忙擦地和洗碗的动作多了。

父母咳嗽的时候，我们会悄悄把窗户关上。

父母生气的时候，我们虽然不服气，但是也不再回嘴。

父母滔滔不绝，讲网络标题文章"惊了，什么什么竟然……"的时候，我们可以笑嘻嘻地说："爸，还是你学识渊博！"

今天的 60 后就是明天的 90 后，今天的 90 后就是明天的 20 后。今天我觉得上一辈很多习惯是迷信又不科学的，未来我的孩子和我也会有代沟，他会觉得我学的"相对论效应"或者"比较优势"理论已经过时了。

他也许会和我争辩或者争吵，他也许会不服气地大叫，他也许会在上大学之后，找个女朋友，然后"小喜鹊尾巴长，娶了媳妇忘了爹"——没错是"爹"——然后和我渐行渐远。

但是我相信，终有一天，他会理解我的感受、我的心情，明白我可能会为他毫不犹豫舍弃生命的无限虔诚。

尤其当他看到，自己的爸爸在 24 岁写书的时候，为他加上的这一小节。

父母的大爱，不在吼声的分贝，而在分分秒秒的情绪、在字里行间的关切、在常来常往间，总是走在马路外侧的"左行之爱"。

其实书前的爸爸妈妈们，你们不用担心，我们终有一天会长大。

物质条件让我们 90 后有了自私的资本，但是我们一定有和你们一样牺牲的觉悟。

借用《传奇》的两句歌词：

想你时你在天边

想你时你在眼前

想你时你在脑海

想你时你在心田

宁愿用这一生等你发现

我在您身旁，从未走远

4. 双生流星，陪你划过天际
——神仙羡慕好伴侣

呼，终于写完了前面两大小节。眼看着这一章的长度直逼"修身篇"了。后面，我们的节奏会更加紧密。到这里其实已经够十万字了，但是想和大家唠的嗑还很多，还没写完。

好了，言归正传，咱们后面的几节会尽量简洁。很多价值观的东西，必须建立在很多"共识"的基础上，所以长篇小说、长篇电视剧输出的不是剧情，是世界观。即使像"奥特曼"一样，两个人穿着套装互相打屁股，人家最后也是问出终极问题："人类有一天会变成宇宙的侵略者，奥特曼还是否应该站在人类一边"，最后也有一个令人感动的答案："人类是天使和恶魔的结合，承载着罪孽也承载着希望"，而相比正义，奥特曼最后选择了"希望"，和人类站在一起。

你们不能想象，我当时看《赛文·奥特曼》竟然感动哭了。这是建立在他的故事和背景我都熟悉，我才能体会到他的纠结和对人类的大爱。虽然我小时候天天锲而不舍地拿着道具在太阳下面尝试，也没能变成赛文。

所以咱们这本书建立的世界观，就是相当于水母的"帽子"。现在学业繁重，未来有机会可以出品中长篇小说，它们就像水母的长长的触手，可以真正触到每一位跟随主角成长的读者的内心。小说坚决杜绝战斗力"通货膨胀"，也拒绝纯意淫。把很多道理明暗交错地穿插在小说之中，读者会印象更加深刻。

那咱们这里，继续写"水母帽子"。

能有一个幸福的家庭，对一个人的人生和事业的影响不言而喻。幸福的家庭里，一个好"老伴儿"至关重要。

参考目前北京市严重的家庭解散情况，这一小节的内容，值得一看。

我见过最甜蜜的"爱情"，是《亮剑》里面李云龙和秀芹的"初恋"。

我见过最伟大的"爱情"，是《亮剑》里面田雨和李云龙的互相牺牲。

先说说秀芹和李云龙。那是战火纷飞中，一段甜美的初恋。大大

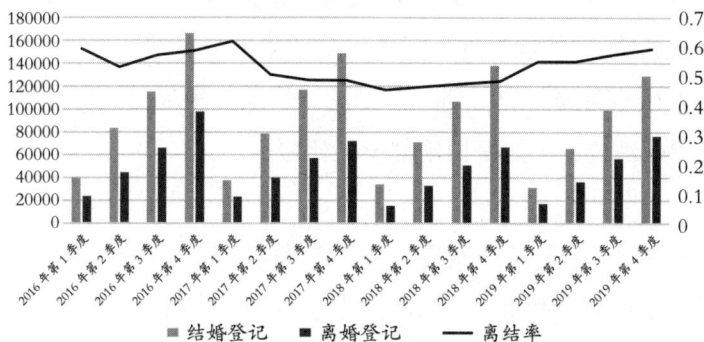

⊙2016—2019 北京市离婚结婚情况

唰唰，眼大如牛的李幼斌老师，在《亮剑》中因为剧情缘故，邂逅了可爱的秀芹同志。而且还是倒追，还给云龙兄挑脚上的泡。哎哟，那大脚板，可能是我的心理原因，隔着屏幕感觉也有点味道。

云龙兄作为战略战术专家，加上本身并不想拖家带口，但还是被秀芹俘获了——应该是这一辈子唯一一次被 "俘虏"。相比田雨，秀芹手脚麻利，和李云龙出身相仿，而且对云龙兄一见倾心，其实如果秀芹当年没死，从此历史上可能多了一个幸福的男人，也可能少了一位杀伐果断的共军猛将。

冰天雪地里几坛子酒就是一场婚礼，秀芹十分珍惜，也全心全意地打算为李云龙倾尽所有。但是这样甜美的爱情，遭到了上天的嫉妒，新婚第一天还没入洞房，秀芹就被抓走了。

平安县城上，面对城下死伤无数的同胞和自己的新婚丈夫，近在百米之间，而别于城上城下。她说："李云龙，你开炮啊，李云龙，你开炮啊。我生是你的人，死是你的鬼。你记住，我秀芹下辈子还嫁给你。你开炮啊，别让我瞧不起你。你快开炮！"

她热情似火的性格，她能温热铁汉的火苗般的灵魂，在三声炮响之后，湮灭于那个冬天。也许她本来就是不怕死的，但是和刚刚在一起的李云龙生离死别，是需要巨大勇气的。战后，李云龙独自一人，在墓碑前念叨，"你埋在这，我李云龙的半条命也埋在这了"，然后哭成泪人。在《亮剑》的后期，李云龙似乎没再提起过她，但这个女人在他心中的地位，可能是田雨都不能比拟的。

如同李云龙与秀芹的爱情，大多数爱情，都是以分离收场。

咱们拿证据说话，首先请读者扪心自问，自己有几个 "前男友" 或者 "前女友"，然后你问问身边的人。

如果对方回答"两个"，那就是两个。

如果对方回答"可能 3 个吧"，那就是 5 个。

如果对方微微一笑，说自己贼纯洁，那就是大于等于 10 个。

所以我们假设所有人下一次就找到真爱，并且一辈在一起，那你调查结果的"幸福爱情率"AI=1/（N+1）。N 是他的前任数量。首先，对人类来说，这个 N 是自然数（大于等于零的整数），一旦 N 不为零，则"幸福爱情率"AI 会等于 50%，一旦再大一点，则会小于 34%。得到我们的结论，大多数爱情是以各种各样的分离收场的。

然后讲讲李云龙和田雨的爱情。李云龙和田雨的爱情，是最真实的。他们出身不同，编筐的和书香门第；身份不同，师长和护士；观念也不同，一个喜欢用钢琴奏乐，一个喜欢把钢琴当板凳坐，还好奇它为什么会响。

后来，李云龙遇到绿茶婊，当然他一个直男肯定中了圈套，加上当时两人感情在低谷期，也就有了外遇。而且抛开品行，剧中张白鹿是极具情商和智慧的，自己也是知识分子，能和一群大老粗打成一片，还能研究战术，懂得倾听李云龙的心声，一般人不容易拒绝这样一个"红颜知己"。"咱老李是谁呀！"肯定被俘虏呀。

但是好在，李云龙悬崖勒马，田雨在处理婚姻危机的时候，也展现出了智慧。面对暴脾气的李云龙，田雨真诚检讨，也客观地守住底线，最后告诉李云龙，只需要一句话她就办离婚协议，孩子如果李云龙喜欢就给他，不喜欢自己也会教育好，以后也会尊重自己的父亲。让李云龙自己选择。咱老李是个明白人，那肯定红旗不能倒，所以挽救了婚姻。

这段故事，我小时候没看懂，现在为了写书返回去看了好几个小时。终于知道一个道理：呵，男人。

大家也看到田雨是具有大智慧的。她的付出、牺牲和妥协，为自己和这个家庭争取到了一线生机。

李云龙的四段故事，我们看完了。这部抗日经典剧，除了战场上的热血沸腾，更是讲述了战争年代里真真切切的儿女情长。

我们知道了很多的爱情故事，都是甜甜蜜蜜的相似开局，但往往由于各种各样的原因惨淡收场。我们知道骂娘要找云龙兄，嫁人要嫁赵政委。一定要多反思，要讲究策略，才能让一段感情走得更远。

有的时候，我们觉得我们倾尽所有，但是热脸追不上人家冷屁股。

说好听点叫：可怜。

说直白点叫：活该。

因为咱们从头到尾就不动脑子，任由事态发展，也任由自己"真性情"。别人动脑子经营感情，咱们不动脑子，就一味地索取或者一味地付出，无论对方是不是喜欢。没有好结果，真的是理所应当。

己所不欲勿施于人，己所欲亦勿施于人。

最后，我想说的是，也许我们已经做了足够的准备，我们可以像赵政委一样，四平八稳地处理很多事情。但是人生路漫漫，我们不能保证不会遇到意外事故、配偶外遇，等等。我们如何放心地把心交出去？尤其爱情退去，平淡和乏味甚至让两个人无架可吵。

真正的爱情，是需要牺牲的觉悟的，而牺牲的觉悟其实就是"信仰"。

秀芹纵使不舍，也要让丈夫做出正确的选择。魏和尚下定决心，决不能让团长受委屈。赵刚和李云龙更是走到了最后。田雨面对老李的出轨，"没有原谅，但是算了"的妥协。他们一方面需要对方的陪伴，另一方面他们的付出是虔诚的。

还记得我们曾经讲过《圣经》里"上帝的脚印"吗？他们彼此就是互相"驮着"对方的人，感受对方喜悦和痛苦的人。因为世界观，有一部分人信仰着不同的上帝，也有一部分人不信仰。因为生活，每个人都憧憬和信仰爱情。

在我目前不成熟的思想看来，爱情和爱国其实是一样深度的情感。

当然，把祖国母亲说成"祖国老婆"确实有点奇怪。

但是我们思考一下，对父母是"孝顺"，对妻子、丈夫是"忠诚"。

而对国家呢？忠诚于党，忠诚于国家。没有人说自己会孝顺自己的国家。所以这一点，和爱情是一样的。

还有另一个理由，现实中，我们有很多烈士是为国家、为人民牺牲的。很少有"母亲"会看着"孩子们"为自己牺牲的，也很少有孩子会为了父母舍弃生命。一般是反过来，父母往往为孩子牺牲。

爱情中，一般双方处于平等的地位，但是危险来临，两方会争相为对方牺牲。这样平等的地位，会让我们有更大的责任感去守护我们的家园，就像守护自己的家庭一样。有人伤害了我们的国家，就像伤害了我们心爱的人，我们当然要与之拼命，不惜一切痛击侵略者。多少勇士用断骨，直刺敌人的喉咙。

这里我们创造的比喻可能挑战传统的比喻，但是总应该有人勇于提出新的角度和理念，不是吗？

守护国家和守护爱人是一样的。

就像我曾经在"修身篇"结尾时提到过：

我们就像是一棵不断灭灯的树。光亮每分每秒可能都在减少，最后会定格成树的某一条细枝，变成一条亮线。

人生本质上就是一个不断失去的过程。

其实婚姻和爱情也一样，我们和伴侣一路走下去，有很多挫折和诱惑，挫折是成本，诱惑也是成本，是机会成本。

有时候，原谅也是成本。

两个人能不能走在一起，我们有没有勇气，有没有信仰，去和他（她）一同面对未知，一同面对注定是"失去"的人生。

人生往往飞鸿踏雪，雁过无痕。

爱情如是化作划过天际的双生流星，两道流光，相伴一起变老，一起离去。

5. 上天安排的伙伴

——家人

接下来，我们讲"近亲"和"远亲"。我知道"近亲"说起来比较奇怪，但是实在没有找到合适的词，大家领会精神就好。

这一节我们讲"近亲"，关系很近的亲人。有血缘关系的可以包含在内，但不一定是百分之百，更多的是经常混在一起，大家彼此熟悉、认同的关系，和"好朋友"的概念类似。

因为血缘关系的纽带，我们的亲人不像朋友一样，是同一个"圈子"的。所以在梦想追求和事业上，共同语言会比较少。但是那毕竟是"诗和远方"，"眼前的苟且"还是生命中的90%。

我一路走来，由于辈分大、年龄小，都是家人关注和关怀的焦点，小的时候，难免被溺爱得晕头转向。你别笑话我，谁溺爱谁知道。当然，后来我自己的世界观逐渐完善，知道亲人的关怀不是"应得的"，不是"永恒的"，也是值得去"回报和守护"的。

所以首先，我们要建立一个"情感账户"的概念。这是一个心理学概念，看名字就容易理解意思：情感账户余额多，那感情就好；余额为零，就是陌生人；如果是负的，那快跑。

小时候，因为我人见人爱，车见车爆胎，大家都喜欢围着我。长大后就失去这个"技能"了。表哥表姐们一般比我大 10 岁左右，我上小学，大哥都结婚了。二哥、三哥、四哥分别交往着自己第 2 任、第 14 任和初恋女朋友。

8 岁之前，我和他们在一个城市，所以经常接触。他们会把我抱到平房（北方城市郊区小平房）上玩，我妈看见，心脏吓得差点从嗓子眼儿出来。他们会在父母忙的时候，去学校帮忙接我回家，还都学会了做我喜欢的"熘肥肠"，做多了我吃不了，他们会吃我的剩饭。有时候也会买五毛钱四个的大大泡泡糖给我。有时候我不小心咽下去了，他们嘱咐我，不要告诉我妈是他们买的。他们也会带我去网吧，当时我不到 5 岁，20 年前北方城市的网吧，我印象里是乌烟瘴气的，妈妈说那是"坏孩子"去的地方。我不愿去，他们拿两块泡泡糖把我哄骗出去。所以后来，到现在，我都没去过网吧了。家里以前也没电脑，所以只好做做数学题，偷看电视，偷吃金帝巧克力什么的。

后来我长大了，表哥表姐也忙了，偶尔能见一下，吃个饭。因为我偏食和偏科一样厉害，喜欢吃肉，不吃菜，有时候肉吃多了菜吃不完就剩下一些。他们见我剩了半碗饭，毫不犹豫地扒拉进自己的碗里，香喷喷地吃了。我知道，我们的情感账户，余额坚挺。

还有小时候爹爹姑姑，舅舅姨姨，姥爷姥姥，等等。

有的从小看到大，姥爷以前苦日子过久了，喜欢省钱，直白点儿就是特别抠门。但是每次在我的软磨硬泡下，总能被我这个小机灵"搜刮"点儿零花钱。

姥姥陪我度过高考前的八年，每天早起的牛奶鸡蛋，晚上的"炒三丁"，令我印象深刻。所以我现在一看到"炒三丁"会拔腿就跑。

姑姑会给我买旺旺的"黑白配"，味道确实不如现在的奥利奥，现在学院里面自动售货机还有，我每次路过都买个情怀。

姨姨小时候也特别亲我，每次都给我买玩具，其实我表妹出生之前，我是同时拥有我妈和我姨姨两个女人的男人。

叔叔们、婶婶们和舅舅不善言谈，一般不好意思"直抒胸臆"，但是也会暗暗关心，隔三差五就发红包，或者问我妈我的情况。我一开始不好意思领，无功不受禄，后来理解这是长辈们的一番心意。即使我和他们可能不在一个圈子，不在一个城市，不在一个年龄段，共同语言很少，一个微信红包，一句问候，一句感谢，聊两句闲天，或许是唯一的共同点。

后来我发现，哥哥姐姐会长大，叔叔姨姨会变老，我们也渐行渐远。爷爷还在的时候，我们从五湖四海赶回来，爷爷不在了，大家会因为随便一个理由就在外面过年了。这个时候，我意识到，热闹是因为爷爷是大家庭的"精神支柱"，大家围着我，是因为我年龄小——人往下亲。但是爷爷的寿命有尽头，我也不可能一直是一个长睫毛胖乎乎的可爱小男孩。家人们的生活，也会有新的"关注点"。和现实的账户不同，情感账户的余额，会随着时间衰减。

一切都会变，我们需要新的增长点。比如我们可以努力上进地学习，为他们的孩子或者孙子做榜样，交流自己的经验。我们可以学一门技术，比如做西餐或者健身，可以和家人们交流心得。换句话说就是，亲情的一切，都不是白来的，需要我们努力。"闭眼伸手"不是长久之计。

让我真正意识到亲情易逝的是姑父的离去。他是我记忆里面，第一位离开我的家人。我印象里的姑父是一位吊儿郎当而且游手好闲的人，自己折腾点儿小本生意。他非常壮实，但是头脑简单，做生意也不怎么赚钱。所以经常跑来找姑姑要零花钱，还好他做小本生意，亏不了太多。要是像王健林一样去实现"小目标"，那可能就惹麻烦了。

虽然大家都说他不太靠谱，但是他非常喜欢我。他走之前都没有孩子，所以经常带着我和我表哥们四处玩。在上一辈眼里，他就是个办事不靠谱的"大男孩"。但是在我们这一辈眼里，他是一个没长大的大哥哥。他最喜欢带我去街边吃烤鱿鱼，还有炸臭豆腐。这也直接养成了我现在还喜欢吃这些零食的"好习惯"。

那时春节的时候，大家兴放炮，但是买不起大礼花炮仗，鞭炮都是拆开放的。5块钱一个的大礼花蛋子放在硬纸桶里，像迫击炮一样射到天上。如果现在正经的几十上百响的礼花是现代化装备，那个时候的礼花蛋子绝对有一股"八路"的味道。路子野，但是效果不错。

这个礼花蛋子，它是需要头朝下放进去，才能射出去。否则呢，就会炸膛。为什么我知道呢？因为试过。一天晚上，在老家的火炕上，我就硬把姑父揪起来陪我放炮。我觉得按常规放炮太无聊，所以希望把礼花蛋子倒过来扔进去，看看会怎么样。姑父也是觉得有道理，所以我们把院子清理了一下，把其他炮竹、引火物全部藏好，四周放好隔绝的"阻燃带"，同时准备随时跑进房子里。

然后我们开始"实验"。这么危险的事情，当然是由我来"远远看着"，姑父去点"手雷"。

他点着后第一次没响，我们等了十分钟没炸，姑父去踢开，发现引火线烧了一半断了。

这个时候，继续还是扔了，是个问题。最后我们觉得再试一下。姑父点着之后，反着扔进去了，然后撒腿就跑。但是引火线毕竟只剩一小半，天空中十几米大的礼花在地上绽放了，真的太美了。（危险动作，切勿模仿。）

姑父虽然自称百米跑 10 秒内，但是好像当时不太灵，感觉可能出 20 秒了，所以被火星赶上，把他最喜欢的棉袄烧成了最喜欢的 "洞洞" 棉袄。场面过于惨烈，好在人都没事，不过多描述了。

后来有一年，姑父病了。我当时也不知道白血病是什么。长辈说他总是用几块钱的廉价药，治疗他皮肤的 "白化病"。在我印象里，姑父虽然不富裕，但从来出手 "大方"，每次总是几十上百地给我们买好吃的，何必要用几块钱的药。

那一年春节前，我们回村之前看了姑父，当时姑姑陪着。

姑父挺精神的，我问他："过年不回去吗？"

他说："今年可能住院，病好了再说。"

我说："好。"

春节后，忽然说是人没了，已经火化了。事情过去很多年，很多记忆都已经淡忘，能回忆起的零零星星的记忆都写在上面了。所以现在想起来，只是惋惜，没有太多难过了。记得我当时还很小，很多事情都不懂，也只记得听到消息的第一反应就是哭。那是我第一次对 "死亡" 有了感觉，我发现人是会死的，原来真的会死的。

即使我们努力成长，有些亲情羁绊还是会因各种原因烟消云散。也就是说，即使人为努力了，亲情也并不能永恒。就像 "修身篇" 提过的，"唯一永恒的，只有时间"。但是也不必过于难过，我们本来寿命有限，能尽量延长就已经不错了。

最后就是，对于亲情的回报和守护。一般年龄比较小的话，可能会没有感觉。如果问一个孩子，给他生一个弟弟怎么样，他如果强烈反对，那就是没感觉，还不太成熟；如果很开心，可以接受，说明在这方面心智比较成熟，说白了就是"懂得疼人"了。

我就记得小时候表弟和表妹天天跟着我玩。高三那年，因为备考不打算回老家过年。和姨姨开玩笑说过年的时候带着表妹来找我吧！我当时完全没在意，就是随口一说，人家也有自己的爷爷家，怎么可能来陪我。

没想到大年三十晚上，我在外面自习回到家里，忽然看到我二姨坐在客厅沙发上和我妈聊天，我惊呆了。一个可以咧到耳根子的巨大笑容，立刻浮现在我的脸上。她们让我看看屋里有惊喜，我笑嘿嘿地往里走，一看发现我的床上铺满了《知音漫客》和《漫画世界》。我一进来，表妹圆溜溜的大眼睛就看着我，叫了声"哥"。简直太幸福了。

还有表弟，高考之后我入大学，他小三岁，去上高中。我们一起去旅游。后来他高考完，我们玩《皇室战争》，一起玩一个账号。

现在父母一辈人也都老了，表弟表妹无论是学习还是生活上有事情，也总会找我。说实话，我以前是害怕的。我小时候想不通，为什么表哥和长辈们对我这么好，他们顶在前面多累啊，在后面跟着多轻松。现在觉得，其实如果我的能力还可以，如果因为我帮忙安排，可以帮到后辈们也是很安心很幸福的。起码我对自己的信心总是要强一点，他们有需要或者有困难，我去解决，总比让别人去解决要安心很多。

这就是小节开头讲的，随着年龄的成长，亲情意味着回报和守护。整个大家庭就像一个大账户，小孩子们"花钱"，大人们就得"充值"。也好比远古家庭，大人们去打猎，回来分给女人和孩子，大家一起吃。等小孩子长大了，也自然跟着去打猎了。

感恩守护，铭记失去也不忘回馈，大概是我们对亲情的总结：

因为感恩而更加珍惜，所以自然铭记失去的那些亲情。

因为感念易逝的亲情，所以时刻不忘回馈家人和朋友。

他们是上天安排的伙伴，与我们一路同行。

6. 远亲不如近邻？

——"远亲"不是因为"距离"

这一节，非常简单。

首先，其实没有什么"远亲"和"近亲"的差别。

如果逢年过节会打声招呼，在一起的时候，你感到对方真心希望你过得好，为你高兴，那就是近亲。

如果平时都不相往来，遇到麻烦才会想起你；如果偶尔见面，也是客气而冷淡，对方几乎很难对你产生同理心，那就是远亲。

有的时候，挚友会走散，近亲也会疏远。我们确实极力阻止，但是因为我们资源和时间有限，有些事情确实无可挽回，也不必惋惜。

亲人朋友之间，交互多了，锅碗瓢盆不免磕碰。如果互相能包容，没有大的误会，那就是缘分，我们就珍惜相遇。

要是不幸因为客观原因分离，或者已经有了大的误会，几乎没有可能化解，那就一笑了之，转身离去。他总不会追上来咬你一口。

另外，最重要的是提升自己。我们一直宣传"做对社会有用的人"，不是社会要让我们奉献，是只有我们能对社会有足够的输出，社会才会"离不开"我们，我们才会因为"被需要"而安心。国际贸易中，为什么美国会补贴自己农业去亏钱出口？为什么当看到人民币汇率下降，其他国家会不满？看似补贴亏本，或者本币贬值购买力下降，像是亏本的事情，实际上各国却阴谋阳谋并用只为拉动 GDP。

所以当我们"输出"高了，才有可能帮助到别人。如果恰逢对方比较世俗的话，我们才能说是"有资格"和对方做朋友或者熟人。生活中俗人是不会少的，包括我们自己，有时也难免脱俗。尤其是过早承受生活压力的人们，他们每天像齿轮一样工作，只有世俗上更进一步，才能让他们少一点压力，喘一口气。

要想脱俗，必先入世。解决了眼前的苟且，才有资格谈诗和远方。帮大家解决现实问题，大家才会信你，这就是科学。为什么很多只强调善的教义，人们不愿意看。因为恶和善同样重要，善是需要力量的。在这个逻辑链上，几乎不存在弯道超车的可能。

所以我们要努力提高自己，这也是先写了"修身篇"的目的。在成长的路上，人外有人，天外有天。别人有时候比我们优秀，我们有时候比别人要熟练。总要努力不卑不亢。尽量去理解，然后包容很多令你不爽和不愉快的东西。

这样走下去，我们总会越来越好。

最后提一句就是，我们要学会拒绝。尤其是拒绝"道德绑架"——打着亲人或者朋友的名义，不帮忙就是不义气。帮是"情分"，不帮是"本分"。我们生活中，难免用圣人的标准要求别人，这很常见。

一方面我们理解这个现象，然后注意自己避免。另一方面，如果别人对我们这样，我们要分清是长期和短期。

如果是短期，你可以看到他之后的改进和成熟。这不是妖怪，只是寻常人家。

如果很大岁数，很长时间还是这个习惯。师父，饕餮！

我建议你从新评估你们的"情感账户"的"健康指数"。

或曰："以德报怨何如？"

子曰："何以报德？以直报怨，以德报德。"

7. 写在本章最后的话

这一章的篇幅超过三万字，几乎直追"修身篇"。

修身是一切的前提，和"自己和解"这个事情娴熟了，才可能培养与他人和解的能力。而人们就像风雪天的豪猪群，离得远了会太冷，离得近了会刺伤对方。所以和家人的关系，其实是最难处理的。如果和家人相处融洽，则已经具备了和任何人保持亲密关系的必要条件。下一章也会再讲一下亲密关系，咱们巩固拓展一下。

这一章，也提出了很多新的概念。包括把爱国和爱情相比，一句"此生许国，难再许卿"让我看后永生难忘。

还有之前提到，小朋友背孔子、孟子的效果是有限的，它应该是跟大人看的。大人们看了不要着急捶我。我不是故意叛逆或者语不惊人死不休，是因为"传统美德""传统文化"说了很多年了。小学生必须背《弟子规》，很多人希望自己孩子不出 5 岁，把《论语》《孟子》都背个遍。说到私心的话，我当然是因为要"出口恶气"。我小时候也被爸妈威逼利诱过，背好一节给一块钱钢镚，而且我还总比"别人家的小孩"背得慢。

我们思考一下。

首先，从供给端：

第一，孔子当年到底想表达什么意思，传承两千年，早就被无数遍"曲解"了。

第二，几千年过去，还是孔孟之道，如果你说中国人不能忘本，可以。但是要真心学习，难道我们不应该与时俱进吗？近代社会，毛主席、邓小平爷爷，还有很多其他方面的伟人，他们站在"巨人"的肩膀上，我们为什么还要看"巨人"。难道他们站在孔子的肩膀上，不如孔子、孟子的脑袋高吗？

第三，也许我们挑战权威的时候，会有很多人笑话我们。因为"挑战权威"的背后，其实挑战的是利益。佛像前打着坐的方丈、书斋里捧着书的先生是虔诚的，即使思想不同，我非常尊敬他们，也誓死捍卫他们自由思想的权利。但是寺庙售票处准备宰客的某些人、拿本《三字经》摇头晃脑的大师，有的人不是捍卫信仰，他们可能没有信仰，他们捍卫的是利益。

其次，从需求端：

我们过度地"拔苗助长"，为了不让孩子输在起跑线上，就让他们死记硬背，努力成为"别人家的孩子"。但是一个5岁小孩，就算是倒背如流，他理解吗？他会不会误解很多地方？

小孩子是好的，就像我以前背了一些，现在起码有印象，遇到需要的可以回去查一下。但是，把那些古典文言文放在工作生活繁忙的成年人面前，他们肯定转头就跑。小时候被逼迫怕了，小时候不理解，觉得就考试会用到。而且他们也会觉得，两千年前的东西，直接搬到现在，能百分之百正确吗？其中很多道理，真的是有经历才能有体会，读书永远不可能替代经历，经历永远不可能代替思考，有些

"盒子"需要自己亲手打开。所以这本书里有很多我的亲身经历，带着大家一起经历，最后一起反思。

这本书主要为了抛砖引玉，我个人经历和学识虽然不会太低，但是毕竟不是院士、教授。我只能以最真诚的讲述，努力穿插段子由此来引发大家的思考。我们进步了几千年，制度体制不断改革，社会关系也日渐复杂。我们应该有新的"儿童读物""少儿读物""成人读物""父母读物"，等等。

我们要站在巨人的肩膀上远望，我们超越创新，不仅仅是为更高，更是为成为下一代人更厚实的依靠。

客观的视角，温和的性格，锋利的思想，或许可以成为我们追求的目标。

最后把我最喜欢的一首诗，送给大家。

沁园春·雪

毛泽东

北国风光，千里冰封，万里雪飘。望长城内外，惟余莽莽；大河上下，顿失滔滔。山舞银蛇，原驰蜡象，欲与天公试比高。须晴日，看红装素裹，分外妖娆。　　江山如此多娇，引无数英雄竞折腰。惜秦皇汉武，略输文采；唐宗宋祖，稍逊风骚。一代天骄，成吉思汗，只识弯弓射大雕。俱往矣，数风流人物，还看今朝。

第九章

谁打老子的小报告？

——亲密与信任

```
                    ┌─────┐
                    │ 账户 │
                    └─────┘
              ↙              ↖
┌─────┐   ┌─────┐   ┌─────┐   ┌─────┐
│ 开源 │ → │ 增值 │ → │ 节流 │ ┈→ │ 清除 │
└─────┘   └─────┘   └─────┘   └─────┘
```

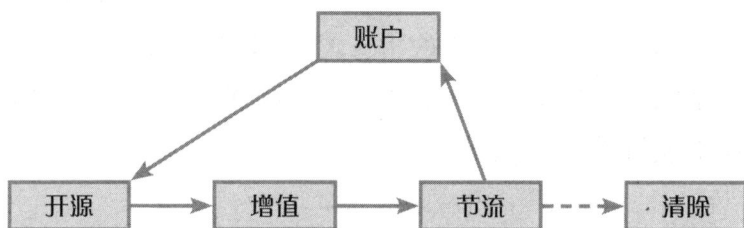

1. 梳理人脉第一步

——情感账户

　　欢迎大家来到"齐家篇"的第四章"谁打老子的小报告？——亲密与信任"。下一章"人在江湖身不由己——再谈自我修养"是"修身""齐家"结合之后，我们需要再次讨论和注意的收尾，可以看成"口袋章节"，即对前面的两章做补充。

　　整个"齐家篇"，一开始告诉大家"人性本私"，但是这并不可怕，这很正常。接受现实是我们更好地改造现实的前提。第二章是讲和朋友相处，第三章难度升级，讲与家人融洽相处。第四章，就是对亲密关系的实践。书和短视频有什么不同？我连天熬夜写到这个位置，大家看了故事笑了段子也到这个位置，不能就这么到此为止，我们要从"这一秒"开始改变。所以第四章会有互动的环节，大家可以带着"小期待"看看后面都会有哪些"小互动"。

咱们章节脉络梳理完了，看看本章脉络。本章主要是介绍"情感账户"的概念。我没有讲"提出"，是我之前听说过这个说法，所以不是原创。

百度百科显示：情感账户是心理学上，对于人际关系中相互信任的一种比喻。将人际关系中的相互作用，比喻为银行中的存款与取款。存款可以建立关系，修复关系。取款使得人们的关系变得疏远。情感账户是情商中的一个重要概念。

说白了，就是你们这关系，值多少。

你和每一个人都有一个账户。但是账户的余额用什么做单位呢？用钱肯定不行，有些情感是无价的。这样就超出"量程"，没法计算了。我们随便设立一个，比如一单位余额＝一根"流口水"——小时候大家都吃过的一毛钱奶棒，以后就用这个单位了。

每一个情感账户都有余额，可能是正的，可能是负的。比如朋友或者相互讨厌的人。时间会消耗余额，很好理解，比如 2020 年时的 1 万元和 2000 年的 1 万元相比，肯定是"缩水"了。无论是你有 1 万，还是你欠了 1 万，如果没有利息，都是会缩水的。这一点非常重要，我们要利用时间的力量，去帮我们"还债"。也要防止时间的力量，把朋友"带走"。

所以面对我们的"账户池"，比如它总共值1413根"流口水"，我们如何让它"增值"？要开源、存蓄和节流。最后就是，对于不得不放弃的东西，放弃也是好事情，因为"时间"同时也是成本。

"开源"就是第二小节"相信'一见钟情'吗？第一印象"，不是让大家去包装自己，去骗人，是起码不要让别人误会自己。

"存蓄"是对于已有的情感账户，和比较熟悉的朋友或者家人，如何相处。是第三小节，"改变自己的人是神，改变别人的是神经病"，听名字你大概知道50%的信息了。但是还有50%是段子，记得去看看。

"节流"是第四小节，告诉大家对于很熟很熟的老朋友，记得去没事"撩一下"。注意，"很熟"不是你"自以为很熟"，一定要判断清楚。这就是第四节"有缘自会相见是科学的！"

最后第五节，是"相濡以沫不如相忘于江湖——再甜美不及回忆"，在心中的回忆总是最甜美的。

2. 相信"一见钟情"吗？

——第一印象

每当我们认识一个新的朋友，一个新的"情感账户"就开启了。我不喜欢"物化"友谊，所以用"流口水"奶棒做"货币"，因为小时候自己唯一能买得起的"流口水"奶棒，对我来说是无价的。其实我小时候就很有商业头脑，我当时的主营业务（主要收入来源）是捡我们家沙发里的钢镚。

见到一个人第一面，一定要努力记住对方的名字。这非常非常非常重要，如果你回头叫错了，或者比如你叫："那个流什么水来着？"别人会觉得受到轻视甚至侮辱。别拿自己记性不好当挡箭牌。如果对面是个院士或者省长，你肯定不会叫错。

所以第一步，你要记清楚对方的名字。这确实挺困难的，因为很多名字其实没什么规律，有的名字甚至咱都念不出来。我从小背单词就老大难，别说记名字，所以我自己也在努力。还有就是，加微信的时候，和对方互通一下姓名。当看到具体字的时候，有了视觉刺激，会更容易记忆。

而且可以联想。比如我叫"流口水儿"，你就想象一个大傻子在你面前流口水的样子。怎么样？好记吧。反正我（对方）也不知道你心里是这么想的。

之后的交往中，如果发微信，无论对方的名字多难找，我们都要打出来，用对方的名字来向他打招呼。现在很多人会打拼音，其实是有点儿偷懒的，别人能看出来。但是这样可以防止出错，倒不失为一种中立的办法。不过我的主张是，其实你第一次找到了这个名字，后面输入法会自动联想。真的是一劳永逸，如果你总不去好好找第一次，每次都会纠结开场白该怎么写比较好。

如果两个人萍水相逢，下一次你可以热情亲切地叫出对方的名字，绝对会相当加分。

还有就是挂电话的时候，我碰到过很多人，挂电话时特别快。除非你真的想表达自己很愤怒，请不要抢这两秒钟。有的人说话很温柔，特别客气，挂电话的时候，啪的一下就挂了。真的让人特别费解，你会怀疑他的客气是不是"婊"。如果真的"婊"就不用改了，如果不是，尽量别这样，咱们不差这两秒钟，等别人先挂，不会让你等到变老。

我一般对晚辈可能会等没有声音 1~2 秒钟后挂断。如果是上级或者长辈，通话结束我会点击"静音"，等对方挂断。如果是平级或者同辈，会介于以上两者之间。这不是我装，是从小我母亲就告诉我要这样，就养成习惯了。现在和别人打电话，我每次都很不习惯先挂断。习惯决定细节，细节决定成败。

之前看过一个故事，一家投资银行和对方谈项目，谈成了可以赚很大一笔。毕竟有的时候，三年不开张，开张吃三年。老板十分重视，所以见一叠文件竟然没有页码，于是故意不小心打翻在地，散落一地。下面的人赶紧捡起来排序，10 分钟后两位投行精英排好了。于是老板又故意不小心打翻了文件，这次熟悉了排序的二人 5 分钟又排好了。虽然心中暗骂老板傻子，但是表面上还是笑脸相迎。老板这个时候无奈地说，你们就不知道弄个页码吗？在同一个地方，被绊两次。

虽然细节可能保不了成功，但细节往往能定败局。

在你和对方还不熟的时候，除非你是他的领导或者长辈，不要只发一个"在吗？"大家虽然每天都会墨迹，都会看电视、看抖音、看 B 站、看公众号，但是人家对你来说"很忙"。有什么事情，就礼貌说清楚，别人如果想搭理你就会回复，如果不想理你，就假装没看见，都是可以理解的。

用抖音上的一个段子来说：你得说清楚什么事情，我好决定我"在"还是"不在"。你要是请我吃好吃的，我当然在。你要是找我借钱，又和我不熟，我当然假装不在。

所以很多人看到这句"在吗？"实际上是不会搭理你的。

此外的例子还有很多很多，是穷举不完的。每个人的生活环境不一样，比如就拿"挂电话"来说，有的人就不用电话，不会有这样的问题。比如特朗普，人家就用推特。或者有人名字太奇葩：三国时吕布有个部将，叫郝萌（好萌）。也听说过有姓"王"的爸爸喜欢打游戏，给自己孩子取名"王者荣耀"。这确实不能怪孩子，只能怪爸爸取名不认真。

所以咱们日常生活中怎么办呢？就是可以多注意那些，别人让你不爽的事情。你自己暗暗记下来，看看自己有没有这样的习惯，然后改掉。比如我大一时因为和高三差不多，不会讲话，所以和人聊天就感觉尴尬，开场白都是"在吗？"估计当时的学长要烦死我了，借用朱自清的一句话："唉，现在想来，我那时真是太聪明了。"但是别人这样对我发微信之后，我就觉得不爽，就会注意不要这样对别人。

所以什么叫"勿以善小而不为"？这些就是"善虽小而为"。什么是积德行善，不是往佛龛里放多少钱，烧多贵的香，诚意到了就好。更重要的是，你能不能给别人分一些记忆力，能不能留 2~3 秒时间。你两秒钟都不愿意浪费在别人身上，人家凭什么帮你？积德行善就是这些"小善"汇聚的，如果我们不修边幅，没有素质地对待别人，还自以为是"真性情"，可能会引出意想不到的麻烦事。

好了，咱们是行动派，现在就立马种下第一个"种子"。选出 6 位你觉得非常聊得来，或者非常愿意进一步深交的朋友，把他们设置为"星标好友"。然后可以通过翻看朋友圈等方式，搜集一下对方的生日，并且把名字和生日标注在本书前面的"我有 6 只潜力股"中。

在下一个春节前，如果有他们的生日，记得当天祝他们生日快乐。没有人会拒绝一个能记住自己生日的人，因为这一天是属于他的节日。如果没有查到，也不要硬问，回头可以问问朋友，或者之后熟了可以直接问。记得在春节的时候，送上"专属祝福"。

祝福不要群发，群发你就破功了。

3. 改变自己的人是神，改变别人的是神经病

第一章中就讲过，人是自私的，每个人都是从自己的角度出发思考问题的。所以生活中，谁都不免会强迫别人。即使是"爱"，也可能是"自私"的——给对方的东西，如果令对方不爽而你爽，其实就是自私。此之甘露，彼之砒霜。

我之前因为去学英语的路上淋雨，加上吹空调，造成了非常严重的感冒，但是我一直是个很顶的人，所以就硬扛，结果变成了持续低烧，白细胞指标异常，病毒感染造成非常严重的急性肝损伤，而且已经出现肝脾异常肿大。所以暑假只能在家，医生说只能躺着，吃保肝药。我爸真的非常着急，所以严格执行医生指令，除了吃饭上厕所，必须"躺着"。然后每天早上必须吃完一碗他亲手做的鸡蛋羹。

有一天我觉得鸡蛋羹实在吃腻了，又难吃，打死不吃。他也不能真的打死我，所以就不逼我吃了。

晚上我妈和"躺着"的我说，"你爸今天特别内疚地对我讲，他对不起你。"

我一头雾水："为啥？啥事啊？"

我妈说："早上他喂你鸡蛋羹，你没吃，他怕浪费都吃了，发现自

己做得特别难吃，都没做熟。他想到这一周你天天早上吃这个，特别内疚。"

我捧肝大笑。

你看，有的时候，我们经常会"想当然"。觉得别人喜欢，其实一点儿都不"客观"。所以也就没法"互相理解"。

和自己相处的样子就是和别人相处的影子。我们看过"修身篇"之后，就会更容易理解，这里的包容和理解别人，不仅仅是"手段"，而是一种以"客观"为出发点的心态。网上有很多教程，告诉你如何和别人保持亲密关系，甚至连 PUA 都出场了。本来初衷是为了帮助社会经验少的"宅男"们社交的，结果传播得久了，就变质了。因为这些教程设立之初，就只有"目的地"而缺少"出发点"，所以就变成了和"骗术"相似，被人人喊打的东西。

我们不去改变别人，是本着客观的原则去理解对方，尤其是遇到事情，不首先想到改变别人。

所以当有摩擦的时候，我们可以多个角度思考一下。比如我知道我爸因为关心我，所以一定要让我"躺着"。如果我第一天就不吃鸡蛋羹，他一定会很着急，毕竟是辛辛苦苦做好的。敝帚自珍嘛，很正常。俗话有：LP 是别人的好看，孩子是自己的聪明。（LP 指的是基金的投资人或者投资机构，大家不要误会）还好护士没有说"药效 24 小时"，不然他可能会一直逗我笑，让我保持"要笑"24 小时。

因为我理解他，所以他的出发点，他知道我知道什么，他不知道我知道什么，我全都知道。当他吃了特别难吃的没熟的鸡蛋羹之后，也会理解我的感受。所以我之后的早点终于不用吃没熟的鸡蛋羹了，换成了没熟的大面团版疙瘩汤。

总之，即使没有谁迁就谁这一说，我们也应该客观，先反思自己。好好的朋友，因为一点儿误会或者摩擦，彼此不相往来，真的太可惜了。

除了日常摩擦，还有一个就是朋友和家人找我们寻求安慰的时候。这个是我经常观察的事情，我发现我们有一个习惯，就是"好为人师"。人家伤心难过找我们，不是来找我们要"指导意见"的，是要我们"感同身受"的。

别人遇到的困难，如果我们一秒钟都没思考就给建议，这个建议别人也能想到。比如"好好学习，别的不要多想！""振作起来，大熊！""没事，这都是小事！""你太敏感了，你怎么能这么想呢？""你想多了，你看看我……"真的会让被安慰的人火冒三丈。不信可以尽情尝试。这样的安慰表明你根本就没有启动你的"同理心"。

还不如一句"不要怕，奥利给！"我一直研究为什么"奥利给"这么喜感，这么"有毒"。原创的大叔憨厚的样子，一副"盲目乐观"的感觉，让你很愿意去和他"共情"，很容易被他带动。他在那里奥利给，你也感觉想奥利给。

遇到需要安慰的人，我们一定要先去理解对方的感受和心情，寻找自己相似的经历，或者相近的经历，体会对方的感受。然后你既然现在还在这儿，说明肯定经历了这些困难，而且成功应对了。在谈完感受之后，再讲讲当时自己是如何度过的。而且要告诉对方，自己的经验仅供参考，选择还是要自己做。因为人是贪婪的动物，无论选择什么，过后经常后悔，你要是帮他们选择，如果对方不成熟，可能就会怪你。而且千万不要拿出成绩骄傲的姿态，即使你自己真的很棒。年少轻狂是有代价的，前人走过的弯路，大家别走。

我再举个例子。我一个亲戚的弟弟，高考成绩不理想，当时一家人一定要逼迫他复读。据说他从小和我一样调皮捣蛋，就是不喜欢学习。我当时看出来，其实那个弟弟真的已经非常非常不想去再次高考了，但是毕竟关系远，就没说话。

其实他们劝慰他的话有错吗？当然没有，好好学习上好学校，改变人生，那是肯定的。但是我们在学校里面做题可以"强迫"，做人一定不能"强迫"。做工作可以"以我为准"，干练高效，与人相处却一定要"以人为本"。我后来只是和这个弟弟说，既然好不容易高考完了，就去旅游几天放松放松。复读不复读的，回来再说，你自己一定要想清楚，将来无论你选择什么，你其实都会后悔，但是自己的选择，自己承担就好。

不知道大家有没有看过网上"低情商婆婆给儿媳妇"的信，节选一条："请你记住，我虽然把你当成家人，但是不可能比我儿子亲，如果有事情，我还是会选择支持我儿子。"你说这句话是不是实话，是实话，但是说出来就奇怪了。这个婆婆说了一个事实，事实本身没错，但是她写信的这个行为，暴露了她完全没有能力对别人拥有"同理心"的事实，也会让这个儿媳妇，对婆婆心凉一截。

所以，为什么劝人不能说"实话"，不是我们要变得虚伪，甚至去欺骗，而是，我们要理解，即使我们说的话是对的，但是"说的话"+"说话这个行为"本身，对不对？这句话应不应该由你来说？

观点不对 + 输出观点的行为不对 = 双商欠费

观点对 + 输出观点的行为不对 = 情商欠费

观点不对 + 输出的行为可以被接受 = 起码不讨厌

观点对 + 输出的行为可以被接受 = 师父你看，菩萨来了！

从以上四个公式可以看到，我们的行为比我们的观点更重要。比起"情商欠费"，还不如和"热心肠"在一起呢。大家为什么喜欢宠物，一部分原因是他们不会说话，你和它说什么，你就觉得它也理解你的苦恼。实际上人家喵喵叫，可能就只是饿了。我们反思一下，有时候我们费了半天劲儿，经常好心没好报，真的还不如当时汪汪叫。你品，你细细地品。

我们通常所说的"智商" ≈ 对问题的剖析和自身策略的调整，"情商" ≈ 同理心的能力。一般来说，经历是可以提高一个人的情商的，因为经历的事情多了，就会发现很多事情不是自己想象的那样，是自己错了，也会更加客观。而且因为经历多了，才有可能体会别人的感受。你和一个三岁小孩说父母多么不容易，他不可能知道你在说什么。

我自己平时遇到的怪兽级别的天才，人家情商都很高。虽然我一思考，他可能就发笑，但是起码人家很给我面子。我们平时说的高智商、低情商的人，几乎很少，最多就是因为平时专注于自己的事情，和人打交道少，所以"经历"少；又因为聪明所以容易"想当然"，才会做出低情商的事情。

一个与社会"充分反应"之后的人，如果情商还是低，那说明智商也不会高。

"以人为本"是与人相处的出发点，这个前人论证过上万次了。但是还有一层逻辑是，"以人为本"不是我们的出发点，而是目的地。客观才是出发点，因客观而理解，进而包容，自然可以"以人为本"。如果一直强调"以人为本"，可能会"强迫"自己去顺着别人，如果想不通则不可避免地要"伪装"，其实是骗了别人又骗了自己。

因此，在生活中，我们要试着去接受多面性，理解理想和现实永远不可能一样。由于认知限制，对方也不可能是心中设想的完美模样。这个时候，我们千万不要"打破砂锅问到底"。我理工科出身，做题就这样。比如一道选择题 A、B、C、D，答案是 A。我不仅要知道 A 为什么对，我还要问老师 B、C、D 为什么错了，我还要问 B、C、

D 如何修改。对我来说，一道选择题要做七次。也是这样的策略或者说习惯，让智商其实不算特别高的我，可以在学霸留出的缝隙里顽强地生长。大学里面，老师的 officehour 我经常会去，因为有的课对我来说确实有点儿难。这也是对应了"修身篇"，打造"准天才"部分的内容。

但是后来，我逐渐发现"打破砂锅问到底"的策略，不一定适用所有场景。因为我以前特别"顶"，很倔。你想我可以淋雨扛病到自己肝损伤，也可以《皇室战争》3 分钟一局，打几百次玩到天亮。熟悉我的朋友都惊叹于我的"韧性"，我确实对自己认定的事情极为坚定。

所以一开始我觉得自己如果碰壁，那就是因为这个策略还进行得不够彻底。结果可想而知，社会的成长之拳那是"铛——铛——"地锤在脸上。大概人都是这样，没有人会先从自己身上找原因的，都是先找借口。不过总会成长，在家人、老师、朋友的影响和帮助下，我还是发现自己之前笃信的策略可能是有问题的。

后来幸好大学里面有免费的心理咨询服务，因为我描述比较幽默，所以心理辅导老师被我的经历逗得哈哈大笑。但是刚聊了 30 分钟，他就看出我是一个对自己和对别人都要求很高的人，可以比喻成"外方内方"。我听过周围有超过 10 个人曾经这样评价我，所以我意识到了自己的问题，就开始放弃强迫症，虽然这让我又开始拖延作业和复习计划。

后来我就变"佛"了，不去过分争抢和强调自我，其实这反而是高性价比的决定。大家在高中学过"勒夏特列原理"：如果改变可逆反应的条件（如浓度、压强、温度等），化学平衡就被破坏，并向减弱这种改变的方向移动。说白了就是，你想改变什么，当前的环境就会一定程度地阻止你。同样的道理，高中时候学的，铁圈插入通电螺线管后，插不进去，拔不出来也是这个意思。你想动，不是那么容易。

所以为什么说，有时候你一定要争取，反而争取不到。但是无心插柳柳却成荫。一个没有脑子的环境尚且如此，"勒夏特列原理"如果放在社会中，逆向效果甚至更强。比如你想做什么，别人会打击你，嫉妒你，或者阻挠你。本来想干的事情，反而干不成了。不一定是别人心眼坏，这是"屁股决定脑袋"的"结构性"对立。比如两个人竞争，只有一个人能升职，你说能咋办。

这就是为什么古人告诉我们要"明修栈道，暗度陈仓"。成了你就成了，没成也不丢人。

所以我们要理解"佛"的意义，不争不抢，不一定是不思进取，也可能是"以退为进"。

我们一方面多去理解他人，一方面让自己变成一个"轻松"的人。慢慢就会养成习惯，不再遇到事情先去想着如何改变别人。

最后，咱们来一个小互动，在下面一页的空白处写下你最重要的一个人，同时写下他身上你最不能忍受的一个缺点。然后请你站在他的角度和旁人的角度，为他辩解这个小缺点，起码列出三点理由。

比如说，李云龙喜欢抠脚，如果你是他的老婆，你如何解释呢？

1. 李云龙能盘腿抠脚说明他髋关节的活动度高，柔韧性好。

2. 李云龙爱抠脚说明他对"足部理疗"有很高的热情，即使有一天再次因战场抗命而被降职，起码有一技之长。

3. 李云龙能抠脚说明他是一个"不怕苦不怕难而且专注的人"，毕竟这么臭的脚丫子能抠得这么香，说明他是一个有毅力的人。

大家看看，其实也不是多么难吧，人人都是找借口冠军。人就像是"非牛顿流体"，你用锤子打他，他就会像水泥一样硬，你慢慢去融入他，他又会像水一样温柔。

"儿孙琐事由它去"和"点到为止",是对别人的尊重,是对自己的宽容,也是一种人生智慧。

拥抱比獠牙更有力量,真诚比伪装更具智慧。

4. 有缘自会相见是科学的!

有缘自会相见,它不是空头支票,它是个"概率问题"。

尤其是现在这个年代,网络极为便捷,如果你想联系一个人,只要他没出地球,几乎都可以。我知道大家喜欢听"活生生"的例子,那我就给大家举一个"活生生"的例子。

我有一个好朋友(是男的),一天忽然和我提起说,他小学时特别喜欢一个小姑娘。是同班同学,个子特别高,考来北京读书。然后他就非要想加人家微信,各自小学校友圈都问遍了还是一无所获,还要我帮他转发。我肯定是难为情啊,我各个微信群里找一个姑娘的微信,我老脸往哪儿放。后来我勉为其难地帮忙转发了,但是石沉大海。最后怎么找到的呢?是这哥们儿给小学老师打电话,问候老师周末愉快,顺便问了下那个同学的微信,老师刚好有,于是就热络上了。

当然了,我朋友他很正经的,大家不要随便对号入座哈。但是我保证这是"活生生"的例子,没有逗大家玩,是真的。你看看,只要有心,连失散多年的小学同学都能找回来。

有缘自会相见,换句话说就是"有心自会相见"。没有心的话,即使正好碰上也会擦肩而过;有心的话,可能不远万里就为一起喝一杯咖啡。

我们都喜欢被别人追随的感觉。人家为什么要追随你，尤其是一件事情有风险，别人为什么追随你去做？你要有人格魅力。但是什么是"人格魅力"？我们看《亮剑》觉得李云龙有人格魅力，但是我们如何复制呢？学他骂娘还是学他抠脚？

有人说傻人有傻福，我不鼓励大家"做傻子"。尤其一个聪明人，是不能装傻的。大家都说李云龙狡猾，被旅长抓住了还故作冤枉地大叫："谁他娘的打我小报告！"

李云龙很可爱，他狡猾但是善良。他就是我们"修身篇"讲到的，先拥有力量才有资格谈善良。他能洞察你的想法，他知道你的底线，即使他不断地要赖，但是都不会真的惹毛你。你们会有一种默契，而这种默契会让你觉得，他是理解你的。这里的力量不一定是金钱或者权力的善良，而是那种理解的力量，了解对方感受的能力。

李云龙精明狡猾，但是和尚死了他要报仇，张大彪受伤他要背着跑，骑兵连被围困他要回去"羊入虎口"。如果从"厚黑学"的角度看，这些"憨厚"又何尝不是更高级的"精明"。但是当憨厚与精明、善与恶完美结合的时候，我们看到的是可爱，还有希望。

可爱是很多人描述"李云龙"这个人物形象的词汇。如果是单纯的善良，大家会用圣洁来形容。而刚出生的孩子，小猫小狗，他们虽然什么都不懂，但是我们觉得他们可爱，而且是有"希望"的。

这个年头，没有人是傻子。你看看身边那些你觉得可爱的人，他们绝对是极具智慧的。而且他们中的有些人，通常擅长寻找希望，同时引领人们走向希望。

可爱的人，是有人格魅力的，他们总可以准确地为别人思考问题。相反，依靠权力压制、金钱购买的跟随者，是不长久的。如果你可以准确判断对方的 "效用函数"，即内心的渴望，又可以去真心满足对方的需求，你就是那个让别人看到希望的人，对方就会觉得你是一个可爱的人，也自然愿意追随你。你看李云龙什么时候怼过旅长？但是他天天欺负赵政委，云龙兄虽然不怕死，但是鬼得很。

强将无弱兵，正是李云龙的狡猾让士兵知道跟着团长可以打鬼子，李云龙的义气让士兵知道自己倒霉的时候，团长不会见死不救。

不求同生，但求同死。

"骑兵连，继续进攻——" 是孙连长对死去兄弟、对信任自己的团长、对养育自己的国家，也是对自己报国之志的交代。

不同于被强征的壮丁，这样的牺牲，是生命的升华。

现实生活中，我们当然用不着牺牲。但是我们也要努力做一个 "可爱" 的人，或者起码是 "热心" 的人。还记得上一节写下的那个对你最重要的人吗？请你现在拿出手机，和他取得联系。如果有条件的话可以打电话。没有条件，可以约一个电话，或者发短信。把你之前写的话念给他听，或者发给他。

比如还是以老李为例，假设我是田雨，我给老李打电话：

"喂老李，工作忙吗？在干吗呢？"

"哎哟小田啊，我这忙着工作呢。"

（天知道他是不是和张白鹿在聊闲天呢。）

"老李啊，我前两天因为你抠脚的事情和你吵架，我这两天真想开了。"

"小田啊，别酸我了，我也有不好，我以后不抠脚了。"

"没有，老李，抠脚有好处，你听我说完。第一，你看你能盘腿抠脚说明你髋关节的活动度高，柔韧性好。第二，你爱抠脚说明对

'足部理疗'有很高的热情，即使有一天再次因战场抗命而被降职，起码有一技之长，咱们不会饿死。最后，能抠脚说明你是一个不怕苦不怕难而且专注的人，毕竟这么臭的脚丫子能抠得这么香，说明我的丈夫是一个有毅力的人！"

"媳妇你别夸了，门牙都给我酸掉了，我以后啥都听你的。"

大家把自己写的三条，给对你最重要的那个人念一下，在他的眼里你一定会立刻"可爱"起来。

5. 相濡以沫不如相忘于江湖
——再甜美，不及回忆

大家好，欢迎来到本章最后一小节。

前面讲了"情感账户池"的开源、储蓄和节流，最后一小节就讲讲回忆。

就像我们之前说，人生就是棵挂满灯的树，灯火不断熄灭，所有的感情都会湮灭于世间。即使我们终生相守并且平平安安，缘分也仍然会因为其中一方寿命将近而熄灭。

人世间最美好的，不是圆满，而是遗憾。

婚姻是爱情的坟墓，是因为人总会对自己的选择后悔。选择了结婚，你会怀念自由。选择了单身，你会害怕孤单。得不到的东西，永远是最美好的。一旦得到了，无论是我们看它的眼光，还是我们自己的心态，都会变质。还记得那个被赏赐了月亮的玉兔吗？变得患得患失而焦躁不安，最后也失去了月亮。

所以不妨让自己的人生留一点儿遗憾，其实它会更美丽。这就是为什么我们常说，相濡以沫不如相忘于江湖。我们的想象力会填补那一块遗憾，而没有什么，比我们的想象更美。

人们常常害怕失败。

其实比起失败，我们更害怕孤单。

成功的意义是什么？是荣誉，让自己在意的人认可自己，而当自己在意的人都不在了，你的成功有什么用？

有多少人，越过山丘，却发现无人等候。

孤独是本质，是一种对认同感的渴求。

但人生路上，孤独是常态，父母、伴侣、孩子和朋友，没有谁能陪我们完整地走完一生。一直陪伴我们的，就是我们的理解力、思辨力和想象力。它们才是我们内心世界的"神"。

他们负责解释我们遇到的一切，不同的人生使得每个人的理解力、思辨力、想象力不尽相同，也就有了不尽相同的"神"。

失去的时候，我们不必强忍悲伤，该伤心就要放声大哭。

遗憾的时候，我们不必故作坚强，该叹息就要今朝买醉。

遗憾和失去是有极为重要的意义的。

为什么悲剧比喜剧更容易深入人心？

因为悲剧比喜剧更"美"，人们扼腕叹息的时候，会想象那个"如果"。一千个人眼中有一千个哈姆雷特，最顶级的作品也不可能满足每个人的审美需求。而悲剧发生，根据勒夏特列原理，会刺激人们潜意识里向相反方向作用，以弥补内心的失去感受，可能还会"超量弥补"。

所以，如果水平相当，悲剧带给人的审美体验是远超"王子与公主过上了幸福生活"的喜剧的。

所以我们自己的人生中，有什么遗憾，就让它随风而逝吧。

如果是幸福的遗憾，那就记在心里，用想象和记忆去装裱它。

如果是不幸的事情，我们可以不去"原谅"，但是可以选择"算了"。

最后一个小互动，不用动笔，请你想想自己人生中最遗憾的事情，如果加上一个"如果"，会怎么样。可能是当年没有好好学习，没考大学，可能是失去联系的好兄弟，也可能是因为异地而失去的爱情，等等。

闭上眼想象一下。

如果你现在名校毕业会怎么样？收入和家庭会不会好很多？但是可能也少了一帮好兄弟。

如果你联系到了好兄弟会怎么样？也许你会和他一起创业，闯出一片天地。

如果还是那个她会怎么样？也许你同样幸福，但是你再也不可能碰到现在这位妻子了。

我们的生命在每分每秒地流逝，是非成败转头空，留些遗憾给自己，未尝不是好事情。

世间最甜美的，不外是一丝遗憾，不过是一片回忆。

本章最后，没什么要说的了。

刚刚去"撩"了大河马一波，凌晨一点半终于回微信了。

我和大河马的爆笑生活，一时半会儿也讲不完。

当然还有很多其他朋友。一路走来，能有朋友们，有老师家长前辈们，尤其是支持我读到这里的读者们，深深感恩。

有你们，真的很幸福！

凌晨两点，赶紧睡觉去了，明天早上要早早爬起来写下午课的作业。

第 十 章

人在江湖身不由己

——再谈自我修养

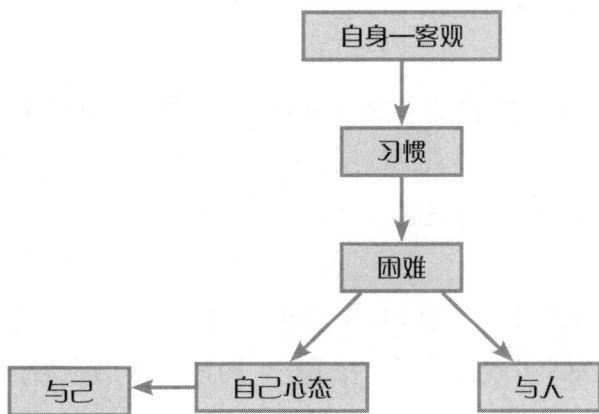

```
┌─────────────┐
│  自身—客观  │
└─────────────┘
       │
       ▼
   ┌───────┐
   │ 习惯  │
   └───────┘
       │
       ▼
   ┌───────┐
   │ 困难  │
   └───────┘
      ╱ ╲
     ╱   ╲
    ▼     ▼
┌──────┐      ┌──────┐      ┌──────┐
│ 与己 │◄─────│自己心态│      │ 与人 │
└──────┘      └──────┘      └──────┘
```

1. 一千个哈姆雷特

——一千个视角

欢迎大家来到"齐家篇"的最后一章！这一章其实应该放在"修身篇"的。

从客观出发→因客观而去理解→因理解而能包容→因包容而有力量→因力量而自善良。

当你用包容的心态接受生活给你安排的各种"盲盒",每次打开的都是宁静和幸福。

这是我们"修身篇"唯一贯穿始终的逻辑链,也是全书的唯一逻辑链。我们在"齐家篇"走过了 8 万字左右的文字路程,一路上看到了种种故事和各色段子。但万变不离其宗,这唯一的逻辑链作为一条明暗交错的线,将全书紧密结合。

"修身篇"谈得更多的是打造自己,但是社会中的合作往往大于竞争,我们都是踩在前人的肩膀上向上攀爬的。虽然每个人都希望自己过得舒服一些,但是不先学会成全别人,不先去改善环境,我们很难独善其身。

我们在前面的四个章节更多的是去了解别人,去感受别人,去拥抱别人。在最后一章,我们继续回归本心,在考虑自身与他人的更广阔的维度里,进一步完善我们的策略和习惯。

一千个人眼中有一千个哈姆雷特,这是为什么呢?因为有一千个视角。但是如何产生了一千个视角呢?因为每个人都有完全不同的想法。就像我之前讲过的,即使信仰同一个对象——比如我们都信一个神叫"流鼻涕"——其实每个人想法也完全不一样,每个人想象中鼻涕的长度和宽度、流速和质量都是依照自己的经验与预判。同样一本书,每个人看完之后一定有千千万万个理解,而所有的想法和我想要表达的,一定不可能做到百分之百重合。

也就是说,我们每个人都习惯于相信自己有限的视角。还是那句话,我们总是不可能完全客观。我们所看到的,其实都是我们的大脑想让我们看到的。我们记住的，也都是大脑想让我们记住的。

请大家闭上右眼，盯着右边的十字。你会发现，自己无论如何也看不到左边的圆圈了。同样，你闭住左眼看圆圈，唯一睁开的右眼也看不到右边的十字了。

这个游戏的科学原理是，眼球有一个地方是连着大脑的，就是那个神经集束，在每个眼球视网膜中央凹偏外约20度处集中起来，向大脑输送信号。所以这个位置就没有感光细胞，形成了生理性盲点。

●   +

但是如果看不见，我们应该看到一片黑色才对啊，为什么是白色？其实是大脑自己"填补"的。

不信咱们再来一个，下面这个图比较丑，是我自己PPT画出来的草图，原理一样，记得捂住一只眼睛。右眼看左边，左眼看右边，就会发现看不到另一个图标。

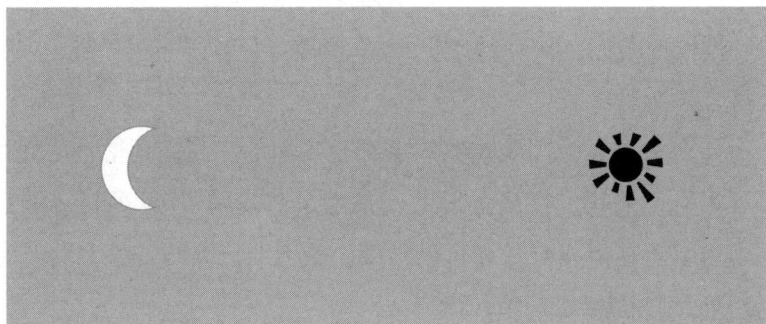

怎么样，是不是缺失的地方又变成灰色了，不是白色的了？这就说明，大脑用周围的环境填补了这一片区域。这么大的月亮，这么大的太阳，硬是看不见。

有的时候，我们就是其中一只眼睛，我们可能误判，我们可能冤枉别人，同样，别人也会冤枉或者误会我们。甚至，我们会误解自己。

感动和同情也是如此。我们看到风里雨里奔波的外卖小哥，看到逆行火场的消防战士，我们能体会到他们也是有父母兄弟，也喜欢躺在家里看剧，和我们一样的。

我们同情别人的时候，实际上是在同情我们自己。

比如我们拍死一只蚊子，是不会"感同身受"的。因为差太远了，所以没法产生同理心。

我们和别人起冲突，经常会反反复复去回忆这个事情。有时候当天晚上激动到睡不着觉。如果冲突的影响很大，甚至很多年都无法相互原谅。其实很多年过去，当年的两个人已经变了模样，或者说当年冲突的两个人，已经不是现在的两个人了，但是我们还是会给对方一个负面或者挑衅的预设，然后自己和自己吵架。

这就是佛家经常说的"执念"。

执念是什么？就是我们固执的想象。很多人认为执念会帮助自己成功，即使知道它不对。执念就像兴奋剂，小执念可能有益，大执念必定有害。

为什么要放下？因为这些想象都是片面的。我们觉得自己受委屈了，和人有不愉快，反复去思考就是为了"找场子"。所以就自己预设一个对手，在那儿自己和自己吵架。或者自己预设一个目标，觉得达到这个，自己就又有面子了。

很多东西是很有道理的，只可惜有时候讲师只记得文墨纸面，没讲出背后的因果轮回。等我们自己悟到，可能已经晚了。

小时候年少轻狂不懂事，也不免有过不愉快的事情。我当时非常非常较真，认死理儿。互相你一言我一语的时候，对方说了一句话："是你自己一直在和你自己过不去。"忽然觉得很有道理，立马不吵了，回了一句："你说得有道理！"

我开始反思自己，我们的潜意识就是自己的神，如影相随。我感受到对方也觉得互有错误，希望我们就此打住。所以当对方说那句话的时候，我觉得对方已经没有恶意了，也就此打住了。

回归本质，当我们与人交往，对方的信息就会汇入潜意识。而经过潜意识处理之后的对方，已经不是真的了。当然这样的决策是高效的，但是我们要一直警惕自己其实总是不客观。很多事情不妨放一放，就会发现自己幸好没有冲动。

一千个人眼中有一千个哈姆雷特，每个人都听到自己想听到的，每个人都看到自己想看到的，每个人都记住自己想记住的，每个人都忘记自己想忘记的。

修身本身，是强调客观和理解的。"齐家篇"则是告诉我们，我们不可能完全客观，不可能完美理解，也不会绝对包容。

但是我们可以努力去体谅，我们保持谦虚，习惯去虔诚。

2. 佩剑与守护

——鸡妈妈的力量

第一小节里面讲，我们永远不够客观，就是一种本质的客观。

我们无法真正理解，但是可以尽量体谅，这正是一种理解。

我们保持谦虚，则是一种包容，因为不懂得包容的，往往是高傲的人。

最后提到虔诚，它就是我们精神力量的源泉。拥有克服和约束自己的决心和习惯，才有能征服和包容环境的底气和力量。

至于是否善良，那是个人选择问题，不是别人能强迫的，我们只能给出建议。没有百分之百纯善良的人，这样的人也很难生存。所以每个人，在不同的时间，对不同的人，有不同的"善良度"，这就是艺术了。作为一本书，能风趣幽默、轻快犀利地给大家带来一些欢笑和人生体验，并且最终给大家带来一丢丢"力量"和一小段"陪伴"，就已经很伟大了。

第一小节结束之后，我们又来到我们的老话题——习惯。

生而为人，趋利避害是本性。而之前讲过，"习惯"就是超越"本性"的"快速通道"。

趋利避害的本性，让我们知道见到利益要争取，见到危险要避开。但是"齐家篇"考虑有其他人的因素之后，我们趋利避害的时候，同时就把危险留给了别人。而人类是有"超·勒夏特列原理"的，也就是说，我们占人家1根"流口水"奶棒的便宜，可能会得到3~5根"流口水"奶棒的报复。

此外，还有一个之前一直没提到的，我愿称之为"内·催化原理"，就是指我们自己对自己反而有一个催化加速的作用。

我这里再次给大家解释一下，怕大家忘记了，勒夏特列原理就是：环境中一个因素改变了，则环境自然跟着变化，而这个变化会一定程度抵消之前的变化。

比如在一个化学平衡的体系里面 $[N_2(g)+3H_2(g) \rightleftharpoons 2NH_3(g)]$，体系压力是100Pa，你忽然增大一倍压力到200Pa，这个时候体系的平衡就会变化，为了让体系压力小一些，就需要平衡向右侧移动。因为左侧是4个气体分子，右边只有2个，所以最后有可能从200Pa减少到170Pa。

这就是勒夏特列原理，他让我们增压100~200Pa的目的仅仅实现了70%，到170Pa。

我刚刚提到的"超·勒夏特列原理"就是，你给别人把压力从100Pa调整到200Pa，他可能不干了，或者开始磨洋工，压力变成了50Pa。我们最后还"亏"了50Pa。这就是老人们讲的"心急吃不了热豆腐"。

它很像"负反馈"的原理，因为体系一般都是有"趋稳"特性的，这个在高中时是朗朗上口的名字。现在离我当年高考过去五年了，如果大家记不住，可以叫"流口水儿超·逆反原理"。

"内·催化原理"就是说，我们对自己的决策会有一个自我加速的效应。如果记不住，可以记成"流口水儿·自我加速原理"。它和我们说的马太效应很像，强者越强，弱者更弱。

这很好理解，比如就像我在"修身篇"提到的，当年学前班，我就因为数学考86而语文考84，一直觉得自己偏向于数学，而不擅长语文，最后进入自我加强的循环。数学越来越好，也越来越自信；语文越来越一般，也越来越放弃。总排名上，也总是依靠数学来提高名次，对语文的兴趣变少。

包括我自己的家务问题。家长经常代劳，而且经常被批评。一方面他们的代劳让我习惯去依赖，习惯不去做，触发"流口水儿·自我加速原理"，越来越不愿意做；另一方面，他们的批评触发"流口水儿超·逆反原理"，更是不愿意做，所以家长就像一个"拐棍"一样，加速不合适的亲子互动，可能让孩子没能成功培养一个技能。

可能有人觉得"家务"的习惯没什么，但如果这是"自由思想"或者"批判性思维"呢？父母如果是控制狂，把什么都安排了，孩子可能就会"变傻"了。孩子做得越不好，家长越代劳，肯定不免批评，就会同时触发以上两个原理，陷入绝望的循环。

这就是为什么我一直强调"习惯"，一步亏则步步差，一步赢则步步稳。

与人相处的好习惯太多了，列举不完，但是万变不离其宗，我就总结一条——勇于承担。

这不是忽悠大家去多承担，多多奉献，毕竟你们奉献也不会给我支付宝打钱。

当一个人有想要守护某些东西的时候，他会变得异常强大。

这话不是我创造的，小时候看《犬夜叉》印象深刻，其实《龙珠》《火影忍者》，甚至奥特曼系列都有提这个事情。

我们每个人都有想要守护的东西，只是我们不自觉而已。

平时大部分努力，我们一般是为了守护尊严，或者为了自己更好地生活。

但是在这方面，特别容易和自己"和解"。

觉得累了就不去运动了，觉得难了就不去努力了，觉得怕别人说三道四就不去争取了。

"只削兵权，别无他意"这话，千万别相信。这句话，不一定会有别人和我们说，其实我们自己和自己说得特别多。说到给自己找理由推脱，每个人都是最佳辩手。

所以我们要养成一个习惯，习惯去承担，习惯去守护，尤其是守护别人，或者公共的对象。这样的话，我们是不能找借口，没法和自己"和解"的，所以必须硬着头皮上。这样一来，责任感的驱使会让我们慢慢变强，然后别人也会看到并且赞同我们。

这个时候，就会触发"流口水儿·自我加速原理"，同时触发"流口水儿超·逆反原理"，进入无限的正反馈循环。当达到一定程度的时候，地球人就已经无法阻止你的生长了，能限制你的只有寿命。

这就是为什么，我把"守护的力量"称为"佩剑"。

一旦习惯运用守护的力量，拒绝和自己和解，就会得到升华，它就会像我们的佩剑一样，随我们一起成熟，一起成长，也一起变强。

就拿我自己来说，当我两年前萌生写书的念头的时候，我再去看书、上课，甚至和人聊天，我都很注意学习，因为我知道我要给读者讲出来。所以，我每次遇到很好的想法，都会印象深刻，而且记得很清楚。甚至是看抖音的时候，大数据给我推荐的也都是教育类的视频。当你为了一个目的而去成长的时候，一切都会不一样。

每当我灵光一闪，我就立马给自己发微信，我在列这本书提纲的时候，那些积累给我迅速添砖加瓦。而且关于这本书的体系，我思考了两年，本来想分成"本我""自我""超我"，但是我希望可以开创自己的体系，所以后来调整到现在的"修身""齐家""平天下"。

这就是为什么我可以在疫情期间，用课余时间迅速把这本书写完。因为我一直心心念念地希望出版这本书，让它和大家见面。所以我就像一只老母鸡一样，努力地获取一切的营养，只为精心调配到书中。

毕竟它是我人生中第一本书，我希望穷尽所能地下出一个 "金蛋"。

还有就是，我们因为兴趣所以在哔哩哔哩上做了 UP 主，分享给大家一些金融或者商业逻辑，同时传播一些有思想的正能量。当我为了分享给其他人而做商业分析或者文案的时候，我会特别特别用心。一方面是怕丢人丢上网，一方面是因为我要给观众讲。有些观众可能是小学生或者初中生，我希望可以做到深入而有意思，所以在前期工作会特别特别用心。要是平时上课或者实习，工作内容差不多，但是为自己得个高分，我可能真做不到这样尽心尽力。

哔哩哔哩账号的运营从 0 个粉丝开始，举步维艰。我在上课、实习、面试、写作之余还需要运营 B 站账号，每天睡眠时间非常少。虽然这个账号是和小伙伴们一起做，他们也十分给力，但是很多事情还必须亲力亲为。我曾经想要不先暂缓 B 站，毕竟在别人看来我们可能是不务正业。但是大家和我的兴趣都很浓厚，而且技多不压身，我们还是想咬牙尝试一下。

如果是我自己的账号，我肯定就放弃了，但是因为背后有一群小伙伴，如果不成功，我如何面对他们？如果真的没成功，但却是因为我的放弃，我会不会后悔？对他们来说也一样。我写文案写到凌晨 1 点半，他们剪视频到凌晨 3 点。我们共同前行，一同成长，在同一个战壕里大笑，也在同一个战壕里放枪。我们就像一个用绳子拴在一起的登山队，总有人不可避免地体力不支，但是整体来看，每个人都用 120% 的力气托起身边的队友，我们总在前进。

这个时候，再看少年周恩来的 "为中华之崛起而读书"，真的可以体会周总理万分之一的心情了。

小时候我以为是在和 "为家父而读书" 的同学比谁 "志向远大"。

现在我才理解，是在比 "谁在更坚定地守护"。

3. 午夜的镜子

——直面懦弱

我们读完了前面两小节。

第一小节提醒大家时刻不忘"修身篇"的逻辑，提出虔诚和体谅的力量。

第二小节告诉大家，我们可以习惯去守护，守护就是我们的佩剑，即使是鸡妈妈也会变成母老虎，这是"自我良性循环"。当我们去承担更多，其他人也会对我们更好，进入"互动性良性循环"。

但是无论什么样的策略，什么样的人都会遇到困难。

第三、第四小节，就是告诉我们，当面对社会的负反馈，尤其是不公正或者不爽的时候，我们的策略。

第三小节，讲于己；第四小节，讲于人。

遇到问题，我们肯定要先从自己身上找原因。这当然不是老爸说要这样就这样，而是如果原因真的出现在我们身上，今天不改正，日后麻烦会源源不断。如果问题出在别人身上，我们自认倒霉，然后离他远点，以后社会大学会帮我们锤他的。

我们经常说的人类的两大软肋"贪婪和懦弱"，对应的就是趋利避害。所以也不能说是软肋，该硬咱得硬啊，要软我们也要软得下去，大丈夫能屈能伸。

所以这个小节就两点：

首先，不要在不该"硬"的时候"硬"。

我们每个人都好面子，喜欢别人认同我们。所以我们成功的时候不免会喜欢炫耀，失败的时候不免会死不认错。

老人们告诉我们，不要骄傲，于是很多人明明很骄傲，但是一定要假装谦虚。但是当他过度谦虚了，其实是更大的虚伪。这里想说的是，就像我们之前说的维度，我们现在的成功其实只是一个维度上的小变量，而且时间的力量也会抹平它。

另一方面，从别人的角度考虑，我们炫耀的时候，就打击了别人。人家没招你、没惹你，你为什么打击人家？所以为什么人们总说，没人见得你好。如果你好了，大家都好，别人当然见得你好；如果你好了，就伤害别人，人家当然见不得你好。这就是为什么长辈天天教育我们要"不显山不露水"。当然，谁都是个柠檬果，但是如果遇到柠檬成精，还是记得快跑。

还有就是自己失败的时候，每个人失败的时候都会给自己找借口，这是人之常情，没有人会被指责的时候立马抽自己两耳光。一方面我们给别人留面子，另一方面我们自己要反思，是不是哪里做错了。包括"嘴硬"本身，虽然是人之常情，但也是一种错误。认错是一种自信的表现，据我的观察，每次遇到错误能先反思自己，并且下决心改正的人，都发展得非常好。那些争强好胜的人，其实是外强中干。

争强好胜是有"先发劣势"的，举一个博弈论的例子：

比如两个人分一个蛋糕，大家都不想分得少，如何平均分配？

一般是两个人抽签，让其中一个人切蛋糕，另一个人选蛋糕。所以第一个人肯定会非常非常努力地把蛋糕平均切开，因为他知道第二个人会毫不留情地拿走大的那个。虽然先发优势在很多地方提到，但其实这个里面，是先发劣势。第一个切蛋糕的人，不可能拿到大于一半的蛋糕。

当然了，很有意思的是，实际生活中结果恰恰相反。因为一般这样的情况下，第一个人会拿到更大的蛋糕。

为什么呢？因为人们"要面子"，当第一个人切蛋糕让第二个人选的时候，第二个人就变成了"第一个"选蛋糕的。他一般不好意思选大的那个，所以会"孔融让梨"。这样，第一个切蛋糕的人，就拿到了最大的。所以古人是不是太坏了，故意让孔融分梨，其实他没得选。

增加了"道德约束"的变量之后，结果相反了，但是对"先发劣势"的解释反而更近了一步。

当想通这些事情的时候，其实问题就迎刃而解了。

除了不要在不该"硬"的时候"硬"，还有不要在不该"软"的时候"软"。这就是说，我们要习惯去选择 harder 模式，走更艰难的路。

物理学告诉我们，两点之间直线最短。言外之意是，除了这条直线之外，任何的变动，都会增加你的路程。翻译到现实中就是，努力踏实地走近目标是唯一的捷径。

希望通过祈求上天来实现目标，都无异于旁门左道，或者等于站在原地等待"空间折叠"的发生。如果喜欢等，那就等吧。

我自己有一个经历就是，我们曾经上过一门课叫 SAS。这个课对我来说很硬核，考试完了还得编程，不排除是极个别人的乐土，但应该是很多金融科学生的噩梦。我们编程是小组编程，我从小虽然知道 CS（计算机）专业挣钱，但是我非常非常不喜欢编程。所以我总是想逃避，小组作业我就承担其他部分，或者是帮大家买饮料。

但是我其实一直是希望由我负责一次编程的，毕竟考试也会考到。但是因为比较优势的问题，编程的同学会更加喜欢编程，我则越来越落下，所以困难逐渐加大。最后到期末之前，虽然编过一些代码，但也没有太多的编程练习。当然小组同学都很大度，觉得都是朋友所以没啥，不愿意编就别编。我真是爱死他们了，哈哈哈。

但其实我一直是怪我自己的，如果我第一次勇敢一些，把编程任务揽下来，一方面可以给大家做贡献，一方面也可以锻炼自己。

这个事情之后，每次有难的任务，虽然本能会躲，但还是注意强迫自己去多承担。

另一个例子就是，有一次我和别人聊天，他说最不水的课就是"水课"。水课指的是大学里面，那些不用努力就能通过或者拿到不错分数的课。

他的话点醒了我。确实，因为水课往往平时不听讲。一门 2 学分的课，16 周每周两个小时。如果平时不听讲，无论什么课，没有三天三夜是复习不完的。一学期的课是 32 小时，三天三夜则是 72 小时，而且没听讲肯定不知道重点，效果一定不好，分数也不一定高。

有时候机灵的不是机灵鬼，而聪明的不一定是聪明人。

小时候，听说晚上看镜子会看到鬼。所以，我从小就不敢晚上照镜子。

尤其是午夜的镜子。

后来大学之后，没人管我了，午夜对我来说才是夜生活的开始——开始学习。

所以当我晚上再来到镜子面前，虽然有时仍然被黑影吓一跳，但我知道那就是我，所谓的鬼只是心中的臆想，也或许就是大人们让我们孩子早点睡觉的说辞。

凌晨一点，我忙完关了灯，把手放在镜子上和镜子里自己的手掌相贴，发现这个黑影其实挺可爱的。

好啦，我们做本章最后一个互动。请找到自己的一个缺点，替换下面句子中画线的地方，并且朗读三遍。

比如我叫流口水儿，比如我的坏毛病是流鼻涕。

我<u>流口水儿</u>虽然喜欢<u>流鼻涕</u>，但是我会尽量改正，少<u>流鼻涕</u>的。其实<u>流口水儿</u>有时候<u>流鼻涕</u>还挺可爱的！

记得朗读三遍！

4. 菊与刀，战与和
——攻城为下，攻心为上

欢迎来到"齐家篇"的第四小节。

菊与刀、战与和，从地球生命的第一秒，就在以各种各样的形式演进着。

"攻城为下，攻心为上。"这是《三国志·蜀志》的经典观点。

我们来讨论一下，发生冲突时，我们应该采取怎样的策略。

首先是情感账户的概念。之前说过不要透支你和朋友的情感账户，还有，不要让别人透支你的情感账户。比如你和一个朋友只是普通朋友，但是你借给他 100 万，还没有借条。他很可能坑了你，因为你们的友情在他看来就值 1000 块钱。抛开道德，他做的是理性决策。

所以我们注意不要信错人，否则人财两空。

遇到一个不熟的人就滔滔不绝地讲述自己的隐私信息，或者给予对方过度的信任，人家不一定就舒服。这不是真诚，这是寂寞了。

万一发生误会，遭人嫉妒或者发生其他矛盾，有人抹黑我们怎么办？

正常人肯定是骂回去，但是这样做往往会让情况更糟糕。因为狗咬狗一嘴毛，最后就是便宜了一群看客和中间挑拨离间的人。

还有，不要做那个挑拨离间的人。事情终有一天会过去，真相也会水落石出，很多事情都会淡去。但是如果很多年后两方发现，当年的冲突跟你没什么关系，但是你撺掇得最来劲，这个事情只会随着时间发酵。如果觉得自己技术高超当然请随意，但是做好被锤爆的准备。

所以如果被挑拨离间或者与人有矛盾，千万千万不要骂回去，你就一直说对方的好。如果你随便骂一句，中间的人会把你的话曲解，然后站在他们的利益角度传开。这会导致你和与你有冲突的人被这些错误的信息气炸，然后两败俱伤。

你一直说对方的好，而且是很真诚地寻找对方的优秀和自己不足的地方，首先，你会更加强大；其次，你真诚的态度让其他人不愿意继续和你较劲；最后，如果你一直真诚地夸对方同时反思自己，对方还骂得很难听，大家会觉得那个人真的是个二百五。打不还手骂不还口，咱们这是有理论基础的。

当然了，遇到不要脸的流氓，还是该出手时就出手。

为防止冲动下误伤好人，这个事情你放半年，如果半年之后你觉得对方还是不值得原谅，你再采取措施也不迟。注意合理合法是第一位的。

此外，不要随便抱怨。这非常容易被人误会，也容易被坏人利用。所以，尽量不要做一个爱抱怨的人。我自己，包括很多我的朋友都是这样的。尤其是我们理工科专业，就是要天天寻找体系的不足，然后改进，所以看问题总是看不好的那一面。有的时候，自己不够成熟，也就会不留情面地乱讲。这是非常非常不好的，原理不言自明，咱们都一起改正。

如果我们还是被一些人伤害了，当然我们也伤害过别人，有意或无意，我的建议是，如果伤害不深，要做一个"能吃亏的人"。老人们常说，吃亏是福。我当时不理解，觉得我可以不去占便宜，但是别人不能欺负我，有人欺负我就要反击。

我小时候我爸工作忙，记事起到上初中之间，我妈一个人带我比较多。一个女人当爹又当妈，性格难免要强或者强势。幼儿园时，她见到我被别人欺负了，就很难过，但是我爸又不在旁边帮我撑腰。因为不希望母亲担心我，小时候我也变得强势起来，一个打十个的情况时有发生。在之后的很长时间里，无论是打架，学习还是捣蛋，我都是真不怕死的。我不主动恶意伤人，但是如果别人挑衅，一定会反击。

这样的性格会有几个交心朋友，但也会刺伤别人。近些年，我自己慢慢想明白，其实"不吃亏"="占便宜"。因为别人吃亏的时候不说话，咱们吃亏的时候就锤人，那咱们不是占人家便宜了吗？我才真正恍然大悟，觉得我要做一个能吃亏的人，起码不能比别人吃得少。

如果别人伤害我们比较重，送给大家我非常喜欢的一句话：

不是原谅，是算了。

当然如果你就是不原谅，那也是你的选择，应该被尊重。如果你违法，法律会处理，成年人要对自己的选择负责。

说到法律，网络常常被大家认为是法外之地。所以网络环境的规范也在努力推进。

谈一点对网络暴力的看法。网络暴力的威力极为巨大,因为网络暴力抑郁和自杀的人也不在少数,如果这类舆论是为了害人,则这样的舆论应该被严厉处罚。

如果舆论是为了讨个公道,那舆论应该给权力机关和检察机关施压修改落后法条,对事不对人,舆论没有资格和权力审判个人,力量再强也不是法庭,只有法庭的处罚效率是最高的。

不要以为躲在屏幕后面,骂一句没什么。可能随便一句话,当事人看了心里就过不去了。就像踩踏事件一样,一脚一脚地把人踩死了。

如果我们希望改变别人,记得那个"超·勒夏特列原理"或者"流口水超·逆反原理"。我们要去引导别人,和他人统一战线。

如何与他人统一战线?不要尝试去拉扯别人,我们应该主动站到对方的一边。他再不愿意,你也和他一条战线了。

如果遇到不喜欢的,当然可以疏远。但是不要动不动就删除或者拉黑。微信5000名额,你不缺这一个好友位。一旦是因为误会,你删除尤其是拉黑别人,你很可能有一天会为自己的傲慢埋单。

最后还是讲一下,我们要尊重别人,尤其不要学历鄙视。

英雄不问出处,咱们的马爸爸是什么学历?两位马爸爸都不是北大清华,也不影响人家当爸爸。哈佛大学共出过8位美国总统,40名诺贝尔奖获得者,清华北大收割95%的高分考生,自身影响力无与伦比,师资力量处在地球前列,名校的校友圈甚至可以直接垄断某一领域。

但我们回看QS世界排名,就会认识"百家争鸣"的状态,没有谁能一枝独秀。

而世界上有一所大学，它的毕业生掌握全世界 99.9% 的命脉。它的纪律非常复杂，但它的规则很简单，约等于"丛林法则"。

它，就是——社会大学。

我们要尊重社会大学的毕业生，尤其是身在名校，千万不要变成穷酸文人。

"百无一用是书生"说的就是那些只会在书本里找存在感，并且不敢出来看看世界真面目的井底之蛙。

束缚井底之蛙的不是井，而是蛙，因为它们压根不想出去。

5. 万物都有保质期，唯一永恒的是时间

"齐家篇"主讲人际关系，这一章的内容与本书的逻辑链频繁勾连，所以最后成文接近 9 万字。

人际关系其实极其复杂，没有谁是有发言权的。你去找那些大师，他有没有和朋友产生过误会？有没有和老婆吵过架？有没有小时候欺负过别的小朋友？没有人是完美的，也没有人有资格告诉我们要怎么做。

所以我尽量把自己的故事以风趣的方式讲出来，同时构建成一个体系，和大家一起成长，希望能够提供一些实用的思路和思维方法。

一路走来，咱们不可能没有过一点儿冲突，没有过一丝遗憾，甚至可能有很多刻骨铭心的回忆，是没有办法抹除的。

前人常言，我们要追求一个"不以物喜不以己悲"的平和心境。

实际上，是因为多经历、勤思考后，才逐渐平和，而非一步到位

地强行平和，那是一叶障目。

修炼不是一个强迫的过程，是走过风风雨雨后的参透悟通。

我们曾经抱怨打开"盒子"后种种的不如心意，风风雨雨后才懂得"遇见"的意义。

没有人有资格告诉我们要如何如何做，每个人的情况和思想都不一样。

"成功"不是一门能说得清的"学问"，它需要的是全情与忘我的奉献、绝佳的运气，甚至上乘的天赋，"方法"可能是"成功"里最不重要的一个必要条件。

行文至此，正值下午。

一束阳光洒在书本纸笔之间，

同样也照在窗外的银杏树枝上。

不禁感慨，

眼前的光芒是 8 分钟前刚刚从太阳生发的。

遥想它远自一亿五千万公里外的世界，

在五千度的高温中跃出太阳，

途经无尽黑暗与绝对零度，

以宇宙第一速度赶到我的眼前，

照在银杏树与喜鹊的身上，又一头扎进泥土里，不再离开。

多么地有缘，多么地幸运，

我们是如此的渺小和短暂，

是非成败转头皆空，

不问收获，但问耕耘。

我们感恩相遇。

下卷

平天下篇

写在"平天下篇"前面的话

大家好！感谢你们可以读到最后一部曲"平天下篇"。

我能够化身为一本书，来到你的身边是我的幸运，这本书就是你和我之间的"信物"，也是我们彼此之间的一个"盲盒"。

"平天下篇"不是"降龙十八掌"，不可能让你一拳打遍天下英雄好汉。

眼神再好，好不过雷达；腿法再快，快不过枪炮；拳脚再硬，硬不过钢板；夜观天象，准不过卫星遥感。

所以我们还是要尊重客观规律，坚持以人为本和中国特色社会主义道路，用更先进的思想武装头脑。

咱们可能没有机会引领中国梦，但是咱们不能给国家和社会进步拖后腿。封建迷信或者骗术，往往就是看准大家喜欢偷懒走捷径——你想着人家的"利息"，人家盯着的是你的"本金"。放弃不切实际的"捷径"，天下没有白占便宜的事情，

虽然这本书不是"降龙十八掌"，但它可以是"九阳真经"。它更像是"心法"。我把自己的经历和经验总结成一个体系，并且积累了

运行心法时的感受，以及它的探索历程。授人以鱼不如授人以渔，虽然没法传 "内功" 让大家坐享其成，但是有 "心法" 在，我们可以事半功倍地成长和进步。

如果你从头读到这里，相信书中的 "思维体系" 已经十之六七烙印在你的潜意识里了。每个人都有自己的历史和自己的小世界。这本书只是一个开始，我之后也会推出更多有趣的作品。所以看到这本书，对你来说也是一个开始，你可以用这个体系作为 "脚手架"，进而设计自己的世界观和方法论体系。

从体系逻辑的角度来说，最后一篇的思考更远，同时结果也是开放性的。所以 "平天下篇" 是这本书的结束，但又是另一个开始。

内容略微硬核，请做好飙车准备！

正常阅读的话，离这本书的结尾还有最后一个小时了，感恩相伴。

且行且珍惜。

第十一章

人生追求·终极奥义

——存在感

```
        客观 ──→ 存在
      ↗                 ↘
未知 ──                    ──→ 追求一致 ──→ 认同感 ──→ 幸福满足
      ↘                 ↗
        主观 ──→ 存在感
```

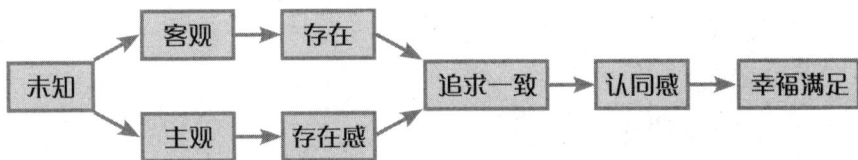

1. 你第一次思考人生，是什么时候？

我第一次认真地思考人生，是在初二的时候，14 岁的样子。

当时我从学校坐 107 路公交车回家，路上和我的好朋友一起，我就叫他们为"大孙子"和"小李子"吧。后来我还认识了"小岳子"，但那是后话了。

当时坐公交车，"大孙子"和"小李子"在前面有说有笑，我喜欢宽敞点儿，所以站在后面。我当时看着他们俩的身影发呆，就在想他们俩上学早，才十二三岁的样子，背个大书包每天干什么呢？上学、考试。然后呢？他们以后找个工作，他们的孩子也会这样。这到底是幸福的轮回，还是命运的反复？

那一个瞬间，我记忆深刻。在那之后，我就开始经常思考人生，有时候也会自言自语，针对某一些很难证明的极限问题，自己和自己辩论。

还是初二，有一次自习课，大家都认认真真地坐在座位上，我去找老师排队批作业。排队没事干，我看着下面大家埋头写作业，特别辛苦，忽然就陷入沉思，我开始不断地无限反问自己：

他们很辛苦，不是吗？

是啊，很辛苦。

这么辛苦，在干什么？

在写作业。

为什么要写作业？

因为要期末考试了。

为什么要准备期末考试？

因为要中考。

那又怎么样？中考、高考，然后呢？

然后就有好工作。

然后呢？还不是得把孩子送进来，继续这样辛苦下去？

是啊，又能怎么样呢？

所以这样的日子，什么时候是个头呢？

不知道啊。

我们到底在追求什么呢？这样无尽地循环，我们为什么要"原地转圈"呢？

不知道啊。轮到我批作业了，回家再想吧。

像这样的自我反问，隔三差五就会在我脑海中浮现，直到现在也一样。

但也正是在初二，我忽然开窍了一样，成绩一路高歌猛进。可能就是这样的自我反问，让我更加喜欢在很多问题上深入思考，也对很多情绪和细节体察更深。

如果让我自己总结改变我人生重要的时刻，一个是疫情期间，在家有充分的时间静心写作、思考。另一个，就是在初二的时候，一次物理课的课间。当时教我们物理的是大家喜欢的 D 老师。

我上过千百节课，上过北大清华的课和斯坦福的网课，等等。D 老师是不是学识最渊博的？那不好讲。但是 D 老师，绝对是上课最有趣的。

有一说一，我没有给 D 老师打广告，我甚至没有他的联系方式了。我记忆里，自己中考、高考物理这一科目是没有丢过一分的。当然我周围肯定有朋友有更牛的纪录，包括拿到物理的国际金牌。但是对我来说，人生中两次重要的考试都一分不丢，绝对也是有自己的一点儿小功底的。

我自己对理工科的兴趣，得益于很多老师和同学。D 老师，就是其中重要的一位。

有一次物理课课间，我印象特别深刻。大家上了初二，一方面没有了初一的胆怯，同时也没有初三的压力，所以很闹腾。老师课前早早来了，坐在讲台上。大家哄闹中，有的嬉皮笑脸，有的埋头写作业，有的趁老师不注意往嘴里塞一个糖豆。就是没有人理会坐在讲台的老师。

讲台前的过道，就像 "楚河汉界"，把老师和同学们 "分离" 得明明白白。

我看到 D 老师一个人坐着，看着大家发呆。时间过去 10 年多了，也可能是我当时的错觉，但是我真切感受到他是落寞的。学校是一个传授知识的地方，大家应该 "围着" 老师，但是没有人去接近他，即使提前到教室，他就一个人坐在那儿。（可能是初二不知道着急，后来初三了，大家就着急了，围着老师转了。）

我感受到了老师的寂寞，所以就想，不行，我得去找老师说说话。

但是面对年近四十的老师，我如何搭话呢？

所以我就随便找了几个问题，走向讲台。老师看我过来，怔了一下，可能奇怪我怎么跑过来了。我们简单讨论了几个问题，上课铃响了，我就回去了。

本来我小时候是很腼腆的，但从那以后，我就变成了一个 "问题少年"。没话也要找话，每一道题目要反复研究，错误选项要改对了才罢休。我也不知道为什么，我就是本能地觉得围在老师身边有 "安全感"。事实证明，我的 "本能" 是对的。

后来的事情，大家也都知道了。虽然一路走来也吃了不少苦，但该过的考试，都算没掉链子。起码没人会在学历上鄙视我，没给老师、家人和朋友丢脸。

现在想来，当年在公交车上偶然的 "入定"，开启了我人生的潘多拉魔盒。后来逐渐观察入微的我，看到了老师在讲台上一个人的样子。于是刚好时间充裕去问了几个问题，然后老师又很好，没有嫌我烦。

年龄大一点儿的朋友一定知道，不少老师不仅仅是教课，还有很多其他事情。所以下课一溜烟就跑了，真很常见。所以如果你在高中或者初中，不要羞于和老师交流或者抵触老师的管教。能把你的成绩，当成自己孩子的成绩一样重视的，是你遇到好老师了。别像我一样，高三的时候，才忽然意识到，毕业以后没老师管是多么的落寞。

就是这样，我的人生可能仅仅因为 14 岁少年时，一次公交车上的"出神"，彻底改变了。至于你能看到这本书，也是因为那一次"出神"埋下了一颗种子。如果这本书恰好变成畅销书，改变了很多人，我的那次"出神"真的是相当有价值的三秒钟了。

关于"人到底追求什么"这个事情，我一直在思考。

后来，高一时过年回老家，我曾问我妈："妈，你想过自己这辈子怎么过吗？如果人活到 90 岁，你现在已经过去一半了，而且 80 岁以后肯定就脑子不清楚了。也就是说，你要实现什么人生价值，现在就要抓紧了。"

我妈表示，我高考是大事，别的没心情考虑。

我表示理解。

后来我大二大三时，还是过年回老家。我问了我妈同样的问题：年近五十，这一生过得值得吗？如果活到九十，脑子清楚的时候是八十，还剩 30 年。5 年前我问过一样的问题，你说我要高考。现在我高考完了，是不是要考虑一下人生理想了？

我妈还是表示，她确实没想过这些，家人平安健康就是最重要的。

那时起，我开始感慨。我觉得我妈是个聪明的女人，但是为什么她的世界里，没有诗和远方？她为家人努力操持，但是她为什么没有想过自己人生的意义？如果每一个父母都把自己的意义全部寄托在下一代，那人类 10 代和 10000 代有什么区别？反正都等于最后一代了。

我尝试和她聊她的梦想，她说她喜欢画画。但是明显是不可能的，因为我从来没见她画过。这个梦想就像一个小女孩说，"爸爸，我想学钢琴！"都是想象，估计报了班就不喜欢了。

但毕竟有一个梦想还是好的，我劝她报个画画班。她又觉得麻烦。我不忍心看她像骆驼祥子一样，每天被琐碎的生活占据了120%的精力而不自知。我希望她可以追求自己的梦想。哪怕是充满叛逆精神的荒唐梦想，哪怕像堂吉·诃德一样与风车大战一场。

父亲忙于工作，母亲没有追求事业，陪伴我这么多年，补习班接来送去。我也希望能陪她做她喜欢的事情，即使陪着她荒唐梦想，或者不幸落败，也可以洒脱一笑，起码是我们一起的"成长"经历。对，乌鸦尚且会反哺，我也希望我长大了，在一些方面比她强了，我可以像小时候她陪我一样，陪陪她。我做一回父母的角色，她只负责逆反就好。

我劝了三天，她已经没有耐心，画画的事情就搁置了。这个事情让我惊醒。因为我的同龄人中，思考人生的不在少数，或深或浅。很多年龄稍大一些的，尤其是工作一段时间的人，便很少思考这个问题。感觉他们每个人就像一辆高速行驶的汽车，除了躲避眼前的障碍，再无心情去欣赏风景，甚至忘了"目的地"在哪儿。

我当然没有资格批评他们没有"诗和远方"，因为很快，我也将从"乘客"变成"司机"，应接不暇地开车，而变成一个彻底的"工具人"。

所以我也希望记录于此，惊醒世人，帮助一些读者找回自己的梦想，也帮助10年后的自己。

金融行业里，大家开玩笑会区分"资本"和"工具人"。"资本"就是有钱有势有资源的，比如一个亿存银行，3%的利息是300万。

如果你一生的工资平均每年不到 30 万，说明如果计算"人力资本"，你还"不值"1000 万。是不是很残酷？所以你和我，手里只有万八千的劳动力，就是"工具人"。

但人是不可以物化的。只要你觉得你的人生还有可以绽放的地方，你期待打破现有的循规蹈矩，那你就是有"梦"的人，你就不是工具人。

微信、支付宝、苹果公司、华为、Facebook、YouTube 和 B 站，哪一个不是源于一个畅想，一场在当年看来"不切实际"的梦呢？

还记得读"修身篇"时，自己亲笔写下的梦想吗？它就是你的梦，也是你区别于"工具人"的护城河。你可以用 1 秒钟再去翻看一下，不要吝惜 1 秒钟，也许它就是你人生蝴蝶效应的开始。

这"梦"就是我们人生追求的价值。

所以说，还是应了乔布斯那句话：

也许，活着就是为了改变世界。

2. 为什么是"存在感"？

人生三个终极问题：

我是谁？

我从哪里来？

我到哪里去？

上一小节提到，很多朋友都或多或少思考过"人生的意义"。

当然，正常来讲，我们会说我们有梦想。谁知道下一个马云或者美国总统是谁，万一是你呢。这就是我们上一节最后提到的"梦想"。

如果梦想成真，则可以把一个人的影响力迅速扩大。他一开始可能只是一个月薪3000的普通公务员，如果坚持梦想并且成真，有可能成为身家千万的小老板。这确实很让人满足，放在生活中就是我们的成绩排名，我们的薪资和职级。

如果可以考年级第一该多好，父母一定很高兴。

如果工资翻倍，我可以给老婆买她喜欢的口红。

如果职级晋升，我就是同龄人中最快晋升的人。

这样的成就，光是读下来就很开心了。

但是，然后呢？

当你永无止境地追问下去。

学到什么时候算完？钱挣到多少算够？职级升到什么位置算高？

当时间空间被无限拉长，我们相对于宇宙，就相当于一个细菌相对我们，它穷尽一生，也逃不过我们的手掌心。真是可怜又可悲。

所以，很多人发现，原来人生毫无意义。

之前高中时，我在"学而思"上课时问过老师，他是教物理竞赛的，也是北清的学长。他说自己也曾经思考过，但是劝大家还是不要继续思考，很多人都想不清楚，而且想多了容易做危险的事。

其实再这样纠结下去，会变成"虚无主义"，即觉得生命的一切都毫无意义。既然生命的结果可能毫无意义，那过程也就毫无意义。

我不是故意散播悲观言论，不要着急，不然会断章取义。继续看下去！

这不是我当时一个人的想法，我发现很多成绩很好、非常聪明的同学都这么思考。大家都觉得人生没什么意义，或者不知道是为了什么。但是总不能去死吧，那太过分了。所以就不想这个问题了。

上面的推论，其实逻辑是正确的。

从唯物主义的角度来说，我们只是沧海之一粟，如此渺小。即便我们实现个人价值，也不会被记住。请问你记得中国历史上公元1234年在位的皇帝吗？他都是皇帝了，大家都记不住。你要只是个省长或者院士，就更记不住了。可是现实中，能到这个级别，那已经是超级强者了。

但是思考这么多年，"为了活着而活着"这个答案，显然不能满足我。

为家人，为朋友，为自己，都不是有说服力的理由。即使是为了团体或者全人类，也没有说服力，而且大家往往听不进去这种太不接地气的道理。再怎么说，地球也会毁灭吧。

我们存在于何处？

我们到底为什么而活？

我们的人生有什么意义？

最后就回归到人生三大问题：我是谁，我从哪里来，我到哪里去。

我大四时第一次尝试写作，花了几万字探究。

但是现在看来都不能用，过于繁琐。人生三大问题，每个人或许都思考过，这个内容可能不够轻快，但地位重要，所以必须要讲一下。

为了不影响可读性，这里仅仅做一个简而言之的讨论和概括。

首先，关于极远的历史和未来，我们目前是无处探寻的。还记得我们一直强调的"客观"吗？我们看宇宙，可能就像我们的肠道益生菌看人体。纵使科技如何发展，也很难看到事实。我们可以看到细菌看不到的，细菌也看到了我们看不到的。

从数学的角度来说，人类从哪里来和到哪里去，对人类的寿命和科技而言，都是无穷大量，不是我们能彻底搞明白的。

当然，对于探求极限，历史学家、天体学家、地质学家等还在做出努力。这是十分有必要的，他们有完善的知识体系、尖端的设备和公共基金加持。他们代表人类在某些领域的最尖端水平。

但是对于咱们这样的普通人，除非特别感兴趣，要做科学家，一般来说把目光放在前 2000 年和后 200 年，这是比较有现实意义的。

根据"流口水·最优配置"理论，我们不可能面面俱到，因为我们的精力和时间是有限的。所以大部分精力要配置在最需要的地方：95% 的精力配置在当下，近期的工作和小目标；4.9% 的精力可以思考一下前 2000 年和后 200 年的事情，包括自己的诗和远方；0.1% 的精力可以放空自己，想象无穷远的宇宙和时间的尽头是什么样子，这也有助于我们更加客观地看待很多经历。

所以，远处的事情可以想，但不要纠结。

界定了和我们自身（寿命）限制相对的界限，人生就不再是"虚无主义"了。

虚无主义的人通常觉得人生毫无意义，毕竟在 1000 年的长度上，谁都是尘埃。这样的思考是没错的。错就错在，他们用 99% 的时间纠结这个事情。一定要强求一个"非常高远"的生命价值。不甘于渺小，觉得不能改变宇宙就不愿意努力了。我就弱弱地问一句，生而为人，算哪根葱？自己都管不好，还改变宇宙？

螳臂当车，蚍蜉撼树。

如果遇不到佟丽娅、关晓彤这样外形的对象，你是不是就不结婚了？

如果找不来年薪百万、位高权重的工作，你是不是就家里蹲了？

如果生不出盛世美颜、冰雪聪明的女儿，你是不是就丢掉她？

理想很丰满，现实很骨感。不能因为我们无法一口吃个胖子，就"破罐破摔"。这是要耍流氓，朋友们。上帝不会同情，上帝只会发笑。

这样看来，人生三问中后面两个"我从哪里来""我到哪里去"解决了。因为这些问题"有意义"的条件是需要附带一个时间界限（前2000年，后200年），这个限定内讨论问题是有意义的。如果不提时间界限，它就会让人觉得是默认的界限（无穷历史，无穷未来）。对于这种远超人类认知极限的问题，是没有意义的。大家遵守"流口水·最优配置"原则，非专业玩家用超过0.1%的精力思考这些问题，一不留神较真了，就相当于耍流氓。

好啦，人生三大终极问题，还有第一个，也是最难的"我是谁"。

我们是谁，我们当然是人。但这是一个白痴解释。

我们想要什么解释呢？

人类需要在所有的具象背后，抽离出它的抽象意义。

什么是"抽象意义"？

正应了一句话，"命运的所有馈赠，早已在暗中标好价格。"

当问到"我是谁"的时候，我们更希望知道的是，我们存在于宇宙，那我们存在的意义和价值是什么？

"我是谁？"="我的使命是什么？"

这个问题非常非常重要！

如果不认真思考清楚，整个世界观就会不稳定，也容易被人利用。

二战时，日本的神风敢死队其实上了飞机就后悔了；当代很多恐怖主义，自杀式搞破坏，其实入坑后组织往往以袭击者的家人威胁以逼迫成员完成自杀式袭击。更多信息，这里不适合继续讨论，可以自行搜索。

这些人都是被利用的可怜人，他们不一定十恶不赦，他们可能和我们一样是普通人，但是被很多虚假宣传和错误世界观的输入洗脑。离我们近的，包括很多骗术、精神控制、PUA 等，都是潜移默化地利用贪婪和恐惧进而控制你的"世界观"。骗子会用各种方法让你觉得，你的价值就要不断地为他们奉献自己的一切。

这一章，就是给大家的世界观上一道"保险"。我们坚决不能被别人牵着鼻子走。

那么，我是谁，以及我们活着的意义，到底是什么呢？

从逻辑的角度出发，任何为了这牺牲，为了那奉献的理由，都是冠冕堂皇。你让我为你去奉献，你怎么不能先牺牲一下？相当可笑。因为"这"和"那"都是后期延伸出的概念，大家都能看出鼓吹他人牺牲者的目的性。

所以最本质上，任何修改和延伸定义，都会出错。

世间唯一正确的等式就是"A=A"。

也就是，我们存在的意义就是"存在"本身。

这不是一句废话，接着看。

我们一生追求的，其实就是"存在感"。我曾坚定地认为人性本私，但是有很多不能解释的东西。当我思考到"存在感"的时候，才感到有所顿悟。

说到存在感，中国外交部发言人的一句话，成了大家津津乐道的段子。

此前，中国外交部发言人洪磊针对日本过度关切南海问题发言：在南海问题上，日本是域外国家，但近日来，日方总是在南海问题上刷存在感。但这又刷出了什么呢？只能刷出日本二战时非法侵占南海的不良记录，和日本政府的不良居心。中方奉劝日方不要继续"刷"下去了。

日本朋友看了不要生气，我这是中国政府针对日本政府的回应，我一五一十新闻上抄下来的。政府的事情，不影响两国人民之间的友谊。

大家看到，连国家和政府都要有"存在感"，个人亦是如此。

那如何增加自我的"存在感"？人毕竟是主观的，客观上的存在感 ＝ 主观上的认同感。

对，我们需要自我认同。

这也就解释了，为什么虽然人性本私，但在很多问题上，我们坚持道德，忘我奉献，甚至不怕牺牲。

人活着的意义，就是不断地获得"认同感"。

全书重点，记笔记！

是不是吃饱穿暖，是不是比别人优秀，是不是被他人认同，是不是喜欢现在的生活，都会作用于你的感受，进而作用于对自己的"认同感"。

比如你饿着肚子，你考倒数第一，你被别人讽刺，你不喜欢重复性劳动，都会让你觉得世界在蹂躏你，你没有支配自己和世界的感觉，进而就没有自我"认同感"。

来记笔记，"人性本一"。

人性本善，人性本恶，都很少被世人认同。人性本私，大家普遍认同，但是也认为有特例出现。在基础的需求层面，人和动物一样都是自私的。你妻子好看，你不可能分享给别人。但是在更高的层面，比如你看到乞丐很可怜，你兜里有一块面包，你可能会分享给他。这样的事情很常见，但是"违反"人性本私。

我们之前讲过"同理心"，我们可怜别人就是在可怜自己，其实是一种"长线"上的私心。你会"感同身受"他的痛苦，如果自己有一天这样落魄，希望也获得救助。你无法"感同身受"蚊子的痛苦，所以你拍死蚊子是不会手软的。

虽然在动物层面，人性本私是没有问题的，但是在社会层面，人们会建立新的"游戏规则"或者说"社会秩序"。既然是"规则"就有"管束"，管束的就是人性。大家都不能偷、不能抢、不能杀人放火。也正是因为这个管束，我们才会过得更好，不然就变成了原始森林。

这样的"规则"可能是法律，可能是习俗，也可能是氛围，比如拾金不昧、关爱弱者、为集体做奉献。这个时候，他人的"认同"就会影响你对自己的"认同感"。慢慢地形成习惯，比如地震时母亲会条件反射地护住孩子。

母爱的背后，是一位母亲对自己行为的认同。

所以人性是有"一明"和"一暗"两条线的：

"暗线"就是我们前面讲的——人性本私。在之前的章节中大篇幅介绍过，不展开。

"明线"就是我们提到的主观上的"认同感"，客观来说就是"存在感"。

每个人都在追求自我认同感，在明线上，也就是不深究的话，这是超越"人性本私"的。比如虽然流口水儿捡到100元希望去吃顿好的，但是还是交给警察叔叔。虽然这"违背"人性本私，但这时流口水儿的"自我认同感"爆棚，超过了吃顿好的带来的好处。

从暗线上分析，没有违背"拾金不昧"的规则，流口水儿的内心是舒畅的，否则会带来心理成本。也就是说，即使是处于自私的目的，也要拾金不昧。

当一个人自我认同感比较高的时候，他自己的认知和客观事实就是一致的。

这种"一致性"无关好坏，只要一致就可以。

比如对于一个奴隶，他每天都挨打，习惯成自然，不挨打还觉得不对劲。

比如对于你，让你当秦始皇，没有抖音、没有 Wi-Fi、没有汽车，你可能要疯了。但是古人不知道这些，他们觉得很正常。

这就是"人性本一"，每个人追求"自我认知"和"现实自我"之间的一致性。

我们追求的是"一致性"，希望解释很多让我们感觉"不一致"的东西，把他们变得"一致"。就像之前提到的"归因理论"一样，如果不能协调现实和认知，我们就会非常别扭。也正是因为这个本性，我们才能不断进取，去努力解释我们的未知领域，去拓展人迹罕至的人类边界，我们得以超脱于寻常物种逆天改命般的进化和进步。

人生追求的终极，就是这个"一致性"。满足了内心的"一致性"，就会获得主观的"自我认同感"，也就是客观的"存在感"。我们不可能每个人都成为总统，世界上没那么多总统位置，而且总统也有自己的困惑。

何谓"平天下"？

一代天骄，成吉思汗，只识弯弓射大雕。客观的"天下"是征服不完的，秦始皇也有被遗忘的一天。即使就是戴着无限手套的灭霸，响指打得咔吧咔吧响，能征服宇宙"空间"，他也无法穿越"时间"。

当我们内心世界达到"一致"的时候，才是自己世界的掌控者，进而拥有强大的意识，再去改造周边的世界。这是"平天下"的第一步。

因未知而探索，因存在而认同。

"万物归源，人性本一。"

3. 假设能活 9999 岁

第一小节，抛砖引玉，希望给读者一个契机，去思考一下人生。

第二小节，回答人生三大问题，呈现给认真思考人生的读者们。

第三小节，是一个尾巴。第二节中，界定了我们应该关心的范围——前 2000 年和后 200 年。类比在物理中，就是"宏观低速态"。因为只有在这个假设下，经典物理定律才得以存在。但是人类是要进步的，工业革命、技术革新、互联网热潮在各个领域井喷式地发展，极大地拓展了人类的前沿。

我们终有一天，会触碰到"宏观低速态"以外的世界，比如极其微观或者极其高速的环境。这个世界里，量子物理才是真正的霸主。

即使庞大如地球和太阳系，也只不过一粒宇宙尘埃。

如果一定要去思考最终极的问题，几乎一定会陷入"虚无主义"。但"人性本一"，对于未解之谜，很多人仍然被深深吸引，希望可以给出解释。

当你凝望深渊的时候，深渊也在凝望你。

这一小节，我们偏要狠狠地瞪着深渊，探个究竟。

一个人面对"虚无"的态度，才是他真正的人生态度。

面对极限远的时间和空间，以我们目前的寿命和能力，就不要想了。如果你一个想法就能改变宇宙，那对灭霸和钢铁侠也太不公平了，他们好歹收集完原石，还得再打个响指。

假设我们可以活到9999岁，会怎么样？

对于没有尽头的宇宙来说，即使万年的寿命，仍然总是弹指一挥间。

但是对于个人来说，有限的寿命，加上不确定的天灾人祸，能多一年都是机缘。如果真的可以有9999年的寿命，我们自然可以做很多远超目前想象的事情。别拿虚无主义说"活多久都一样"，肯定不一样。我们可以详细地知道历史的过程，我们也可以用3000年的时间学习，然后用6000年的时间上班。人类技术积累的进步，会不可限量。

但回到第二节的问题，我们会更有"存在感"吗？我们会更有"认同感"吗？

我们现在的生活，早就超过了古代皇帝。我们可以坐高铁和飞机，我们可以刷抖音，聊微信，我们可以吃海底捞和麦辣鸡翅，也有《火影忍者》和《斗破苍穹》可以看。秦始皇只能坐马车，听人们费力地击缶。古时候人均寿命也就30多岁，皇帝的寿命平均40岁。

你觉得秦始皇幸福还是你幸福？

可能你觉得秦始皇幸福，毕竟统一天下，带来的自我认同感无可比拟。

但也许秦始皇看到你的生活，他就不幸福了。说不定比起天下，他不能没有 Wi-Fi，不能没有抖音。

高中时写作文，常常写到《浮士德》，他与恶魔定下契约，只为探求欲望的尽头。

> 我只是匆匆地周游世界一趟；
> 劈头抓牢了每种欲望，
> 不满我意的，我抛掷一旁，
> 滑脱我手的，我听其长往。
> 我不断追求，不断促其实现，
> 然后又重新希望，尽力在生活中掀起波澜：
> 开始是规模宏伟而气魄磅礴，
> 可是如今则行动明智而谨慎思索。

因为魔鬼会用魔法满足他，所以一开始他的愿望都是"气势宏伟"的大愿望。但慢慢地，他对本能的欲望感到倦怠，不愿听凭自己的欲望，开始"行动明智而谨慎思索"。

前者是三十而立的心态，希望建立伟业。

后者是五十而知天命，不仅仅考虑自己的欲望和事业，更多看到了牵一发而动全身的客观。不再莽撞许愿。

当最后，个人私欲已经都体验过之后，他开始许愿希望帮助人民建立"乌托邦"式的国度。但作品中，最后的浮士德，也是一场悲剧，是一种追求极致虚无主义和悲观主义的悲剧。

不能实现"心意合一"的"一致性"，逐渐膨胀的欲望会驱使你没有头绪地进发，往往南辕北辙。

即使长命千岁，无所不能，也会有自己的苦恼。

这再次证明了"人性本一"的重要性。

把思绪拉回到现实，我们能有百年寿命已经实属不易。不能说延长寿命没有意义，恰恰相反，是非常有意义的。我小时候的愿望就是当科学家，希望可以借助机器取代人类部分坏损部位而达到延长寿命的目的。毕竟"生"的本质，就是对抗"死亡"。

但遗憾的是，虽然现在科技进步，但是我们的寿命仍然有限。

就像我在"修身篇"结尾提到过的，所谓人生就是"一棵不断灭灯的树"：

你出生之前，父母是不确定的。

你还是受精卵的时候，性别是不确定的。

你高考之前，大学是不确定的。

你结婚之前，伴侣是不确定的。

……

你临终之前，死亡是不确定的。

每过一秒钟，你的人生的确定性就会增强。很多可能就会变成不可能，那棵树上的灯就会不断熄。只要你的寿命是有限的，这棵树也就是有限的。在生命的最后，这棵树就会变成一条"亮线"，这就是我们的"人生轨迹"。

一个人的价值，是在死亡的一刻定格的。

生的时候，我们不断积累奋进，是让我们在死的一刻，更加有价值和意义。

人生的本质，是一个不断失去的过程。这不是刻意悲观，这是真切的事实。

我们常常去留恋，去回忆。我们常常喜欢后悔，喜欢去假设。

如果当初我和她考到一个城市会怎么样？

如果叔叔当时没有车祸，现在他们的生活会怎么样？

如果当年不那么倔强，现在是否会有所不同？

但也正因为"失去"，才有了"存在"。因为失去，我们更加珍惜。此外，如果一个东西不能被失去，它也就不曾存在。比如空气，大家几千年不知道有空气，直到后来科学发展才发现空气。因为古人不知道有空气存在，所以也就不知道没有空气会怎么样。比如大地，它永远在那儿，我们习以为常，没人会刻意强调大地是"存在"的。

大家会发现"无"的存在吗？宇宙空间里什么都没有，但它也是一个空间。因为它永不消失，所以没有对比，我们就不可能发现它是"存在"的。

我们写算式"1+2=3"，不会写"0+1+2=3+0"，"0"也存在啊，为什么不写？

因为"1"是可以"失去"的，而"0"永远在那里，就好像它不曾存在过。

人生的本质，是一个不断失去的过程；人生的本质，是一条不断存在的线索。

第十二章

与己、与人、于苍生

——是非成败转头空

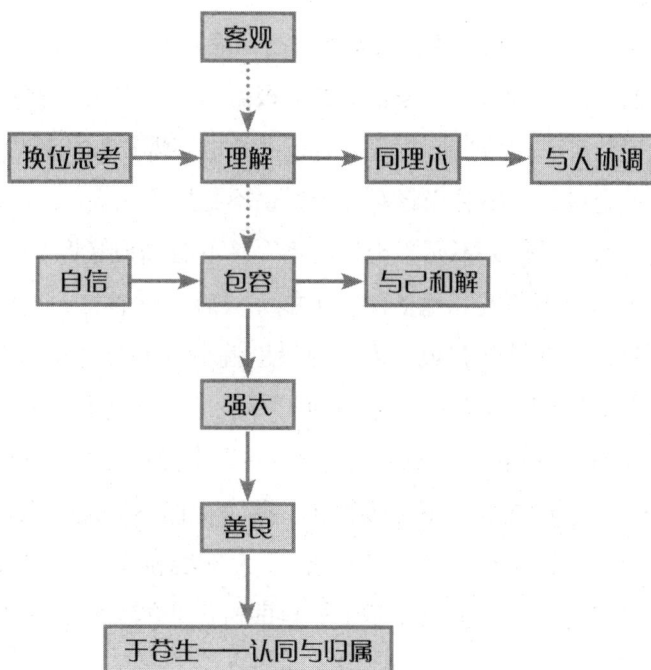

```
                    ┌──────┐
                    │ 客观 │
                    └──────┘
                       ┆
                       ↓
┌────────┐      ┌──────┐      ┌──────┐      ┌──────────┐
│ 换位思考 │ ──→  │ 理解 │ ──→  │ 同理心 │ ──→  │ 与人协调 │
└────────┘      └──────┘      └──────┘      └──────────┘
                       ┆
                       ↓
┌────────┐      ┌──────┐      ┌──────────┐
│  自信  │ ──→  │ 包容 │ ──→  │ 与己和解 │
└────────┘      └──────┘      └──────────┘
                       │
                       ↓
                    ┌──────┐
                    │ 强大 │
                    └──────┘
                       │
                       ↓
                    ┌──────┐
                    │ 善良 │
                    └──────┘
                       │
                       ↓
            ┌────────────────────┐
            │ 于苍生──认同与归属 │
            └────────────────────┘
```

1. 与己和解

——"修身"

首先，顺着上一章，强调一下"世界观"。

无论什么时候，我们都应该以"客观"为出发点。复习一下"维度"的概念，由于我永远不可能站在全维度的"上帝视角"，所以我们永远不够客观。就如同我们永远无法判断"盲盒"里面装的是什么，可能是一杯牛奶，也可能是一个银河系。记住这件事，它是全书的出发点，也是我们思考问题的"自我定位"——我们永远不够客观，但我们努力更加客观。

从客观出发，我们才会去理解自己，理解他人，理解世界。

我们会发现自己贪玩是正常的，根据"流口水儿·高压锅理论"，我们要接纳自己，与自己和解，有张有弛地实现目标和梦想。

拿破仑说过，不想当将军的士兵，不是好士兵。

流口水儿觉得，不愿当士兵的将军，不能成为好将军。

一上来就不切实际地梦想，不能完成就破罐破摔，这样不尊重客观规律的人，就是不客观的人，一般也就小孩子会这样。所谓"三分钟热情"，都是因为只有想象力而没有意志力。为什么没有意志力？是因为他们不知道，意志力才是做出一番事业的"捷径"。所以他们"撤退了"，他们在等待下一场投机。因为他们不知道什么是"时间成本"，以为"不付出"就是"不吃亏"，不给将军的位置就不干。到头来，想当将军，恐怕只能是下象棋的时候才能实现，搞不好还是个"元帅"呢。

所以，当我们客观的时候，我们会发现别人的难处。有的时候，别人伤害我们，可能是一场误会。有的时候，别人不尊重我们，可能是他们不够成熟。有的时候，别人离开我们，可能是他们先没有了安全感。如果我们换位思考，可能也"别无选择"。

理解世界中自己的渺小，同时看到渺小和平淡也有它的意义，我们就不再会陷入虚无主义。

因此，有了第一个逻辑节点——因客观而理解。

当我们有能力去理解，我们会逐渐包容。

我们包容自己贪玩的性格，我们包容别人的不信任，我们包容上天的不凑巧。

因为我们日渐自信，我们不是赢在"投机"，我们赢在"概率"，所以对于那些短期"价格偏离价值"，我们是有自信不被打败的。坚持自己的策略，总有一天，亏欠我们的都会还回来。这就是第二个逻辑节点——因理解而包容。

所以，包容让我们变得更加有力量。一个能包容自己、包容他人、包容命运的人，是无比强大的。这就是我们"齐家篇"重点提到的，与他人协同的重要基础，也是第三个逻辑节点——因包容而有力量。

讲一个段子。古时候有一个叫王蓝田的人，是个急脾气。有一次他吃鸡蛋，一定要用筷子夹鸡蛋，没有拿到，便十分生气，把鸡蛋扔到地上。接着从席上下来用木屐踩，因为木屐有齿，所以半天也没有踩到，他愈发恼羞成怒。而且鸡蛋在地上旋转不停，好像在挑衅他，他愤怒至极。最后他从地上把带着泥土的鸡蛋抓起来，狠狠地扔进嘴里，一顿大嚼，把带着土的鸡蛋连壳都嚼碎了，才又吐出来。

大家看完会哈哈一笑。我们往往也有气急败坏的时候，这个时候，就是不够包容，其实就是没有与自己或者现实和解。现实和认知的错配，导致我们没有达到"人性本一"的"一致性"。所以这样发脾气，看似气势汹汹，其实，连一个鸡蛋都不放过，反而是一个没有"力量"的弱者。

其实，当我们足够有力量的时候，一切烦恼都会消失。但现实是，你永远都不可能"足够有力量"。因为欲望只要动一动小手指，就会瞬间超越你进步的实力。

所以"善良"不是一种绑架，它是一种选择。没有力量的善良，不是虚伪就是悲剧。要么就是假装善良，然后别有用心，要么就是盲目超负荷付出。没有人喜欢虚伪，但可能会有人选择悲剧。我希望我的读者能更加幸福，希望你们在有足够力量之后，再去选择与之匹配的善良，是"可持续发展的"。

这就是最后一个逻辑节点——因力量而善良。

串联每个节点，我们得到了贯穿全书体系的逻辑链：

因客观而理解，因理解而包容，因包容而强大，因强大而善良。

修身是一辈子的远行，只为给自己修来一个和解的机会。

2. 与人协调

——"齐家"

在"修身篇"，我们注重个人追求，我们切实而有韧性地去追寻自己的梦想。在"齐家篇"，我们要"以人为本"。一个人走出学校之前，他的智商决定他 60% 的成就。当一个人走出学校，进入社会后，他的情商决定他 95% 的成就，当然 5% 的智商也是必要条件。

同理心比智商更重要；尊重比成绩更重要。

我们知道原理，自然是好的。但即便如此，生活中麻烦和矛盾一定是不停歇的。没有任何一种方法可以一劳永逸。所以如果看到有人推销什么"课程秘方"可以百分之百摆脱麻烦，那你可以投诉诈骗，因为逻辑上就是悖论。用你的实际行动告诉他，他遇到麻烦了，他先百分之百摆脱自己的麻烦再教别人。

我自己的观测是，我们所有的麻烦，几乎都来源于"傲慢"与"恐惧"。其实两者都是"不客观"，你没有客观地看待自己和当前局势。高估自己＝傲慢；低估自己＝恐惧。

"修身篇"中，主要是希望大家面对恐惧时多几分自信，而这份自信是建立在我们重新审视局势的基础上的。

"齐家篇"中，更多的是讲对抗自己的傲慢。一个人过度小心或者恐惧，对他自己是有损失的，对别人影响较小。所以在与人交往中，造成的危害不会太大。然而如果一个人过于傲慢，可能会引发严重后果。

举几个聊天之后常常吐槽的故事：

明明都是同学或者同事，却对别人指手画脚。

自己明明是个劈腿女，被无数人不齿而不自知，却仍对自己的火爆脾气引以为傲且口无遮拦。

总是大喊大叫，没有教养，还指责别人不懂得尊重他；别人的小过失即使过去好几年也一定要记下来，直到对方跪地求饶才肯罢休，然而对于自己处理不当引发的严重后果，则躲躲闪闪不敢承担。

群体性犯罪或者网络暴力时，料定法不责众，带着自己的利益诉求审判别人，自以为可以逍遥法外。

这都是傲慢，冰山一角而已，擢发难数。

但实际上呢？

对别人指手画脚，即使没有违法，也会被以其他形式惩罚，毕竟法律只是规定了社会的底线，没有划出道德的上限。千万不要随意践踏任何一个人的尊严。很多人把尊严看得比生命更重要，生命都不要了，他会在乎法律吗？不说两拳难敌四手，若对方真的退无可退，以命相搏，纵使你位高权重，也是血肉之躯。社会上的例子，不胜枚举。

童年可能娇生惯养，自己脾气火爆，觉得别人都得让着自己。大家都怕惹得一身骚，也无人敢近身，看似是一个优质策略。但出来混迟早是要还的，量变引发质变的一天，后悔已经是一种奢望了。

看似嫉恶如仇，实则不分青红皂白，以圣人的标准要求别人，却以俗人的标准要求自己的，大有人在。其实生活中我们常常也会这样，但是起码要自知不该。如果坚持这样还不自知，看似给自己讨了公道，实际上埋下一颗颗大雷。别人错了 1 分，他们以 11 倍的报复惩罚；按照这个逻辑，他们 11 分的报复，也终将迎来 121 倍的苦难。

最后就是网络暴力。2020 年 3 月 1 日，我国出台史上最严网规，禁止网络暴力和人肉搜索等。曾经的 "法外之地" 也日渐规范。我认为舆论即使再强大也是民众，它没有资格和法律地位审判别人。而且，舆论 "批斗" 个人的效率是很低的，每天很多人做错事，你批斗不完。网络暴力是非常不公平的，施暴者或是不明所以被点燃了情绪，他们愤怒的对象实际上是被虚构出来的，或者也夹带着自己不可告人的猥琐目的。自带猥琐目的的人就不说了，为什么有些人容易先入为主被人煽动？就是因为他们实际上是 "傲慢" 的，在他们心中充满优越感，给一个人判死刑太简单了。如果这样 "傲慢" 的人被赋予无限大的权力，对社会是很大的隐患。所以如果出现违背民意的事情，舆论应该去改变权力机关，而非个人。然后再由权力机关按照大家一致认同的规则去处罚错误，形成更良好的环境。

站在公正的角度，我们也要保持客观和理解。

谁都有年少轻狂的时候，会追求特立独行。

旧情已冷，又遇到真爱，选择幸福也是正当的权利。

自以为嫉恶如仇，喜欢以暴制暴，是每个男孩小时候成为英雄的想法；虽然一个成年人这样会令人不可思议，但是有人成长快，有人成熟晚。

网络暴力虽然可恨，但是我们每个人都曾因愤愤不平而有过窃窃私语；有人见不得光只能背后小动作不断，外强中干的表情下，是安全感的缺乏让他们别无选择。

我们尊重别人，不能避免别人冒犯我们；我们同情别人，不能避免别人误会我们。

如何稳心态？

一般来说，当你非常愤怒和冲动的时候，你应该尽量先脱离"环境"。别人侮辱你，你就杀人，所有人都不会觉得你有男子汉气概，大家都会觉得你是个二百五。冲动绝对害人害己，但是当你脱离环境的时候，尤其是如果能睡一觉到第二天，你会理性很多，起码不会选择害人害己的处理方式。

人与人表面的冲突在利益，根本的冲突在信仰。

一般来说，两人对弈时都退无可退，所以不免冲突。但我们也见过，时间是有力量的。时间的力量就是让双方都"走出这盘棋"。当走出这盘棋，大家很可能还是朋友。比如《亮剑》里面的楚云飞与李云龙，他们表面是对弈的，但却是很好的朋友，因为他们都有相同的信仰。

"齐家篇"讲述的，很多也是让我们放下傲慢的自己，去理解别人的价值观。我们不一定去迎合别人，但起码不会因为自傲而错过很好的朋友。

很多人说，朋友就是相互利用的关系。其实我理解这种表述不恰当，因为一般我们认为物质上的互助算"利用"，精神上的相互扶持算"依赖"。因此我认为，朋友就是相互依赖的关系。

每个人都趋利避害，所以你一开始认识一个人，一定是因为利益。比如你们一起组队，比如你们觉得对方很有趣，等等。但利益是浅层的，短暂而不稳定的。

因为利益走在一起之后，你们会相互了解，你们可能彼此不认同对方的很多做法，所以逐渐疏远。也可能非常投缘，比如我和我的几个好朋友就是，即使毕业分开，如果有机会，一定要跨越大半个城市聚一下。挚友之间会认为对方很有人格魅力，其实人格魅力就是因为对方有你信仰中认同的特征。比如他很有韧性或者诚实，虽然你自己可能不喜欢坚持或者说实话，但是你信仰中认同能坚持或者老实的人。也包括其他关系，比如良好的同事关系、上下级关系。好的领导会注重下属的成长，而一般的领导仅仅只是"利用"下属完成工作。这种东西，见面的第一个小时就可以感受出个大概。

还记得"人性本一"中讲到的"一致性"，和因为追求"一致性"而产生的"认同感"吗？在和别人相处的时候，我们也在靠近那些我们"认同"的人。这个行为本身也会增加我们自己的"自我认同感"。

因此，如果想要尽量避免矛盾，短期要尽量避免利益冲突，长期要避免信仰冲突。如果一定要进入利益博弈，我们也退无可退。你可以争取，也可以放弃，这属于个人风格。有一点需要注意的是，在利益冲突中，我们毕竟不可能是一个"和蔼可亲"的形象，搞不好是"面目狰狞"的。

这样的话，对方看了我们这个形象，很可能会误会我们，导致他们的"信仰"容不下我们。即使在后续没有利益冲突的时候，这样的误会仍然会在双方判断中发酵，从而成为"长期的敌人"。

可能当年的事情虽然过去，双方没有在意。但是你认为他还在意，他认为你还在意。通过这一层，你认为他认为你还在意，虽然你可能不在意了。然后他看出来了，觉得他还在意，所以你也会认为他一定认为你认为他认为你还在意。好了，不套娃了，意思就是双方误会了。

如果没有误会，还会和其他人产生信仰冲突，那就需要反思一下自己，是不是过于傲慢和自私。如果还是和身边人，在没有误会的情况下依旧难以协调，可以去找自己的至亲挚友或者专业的心理医生求助。毕竟每个人情况都不一样，相信这样极端的案例不会很常见。

在矛盾这个话题的最后，我们多讲一句。不要害怕和别人发生矛盾，正所谓不打不相识。虽然在矛盾中，我们会看到很多不愉快的事情和奇葩的人，但矛盾也可能是一个契机，可能像楚云飞和李云龙一样，结识一生的挚友；也可能像诸葛亮和姜维一样，从敌人变成一脉相承的师徒。

如果没有一点矛盾、冲突和摩擦，我们谈什么改变世界呢？

"齐家篇"中，除了矛盾，也强调"担当"。

之前我讲过，在我高三之前，一直都比较想不开，不喜欢老师的管束和晚自习严格的规定。直到有一次，向来比年级主任还严厉的宿管老师，知道我们是高三的，不仅没有怒目圆睁，反而和蔼可亲，让我惊醒，有人管我的日子，马上就一去不复返了。我一直不喜欢我的头顶有天花板挡着，但是当我登上楼顶才看到，外面不仅仅有美景，也有狂风暴雨。

还有一个事情，让我印象深刻。上研究生后，自己也成熟了一些，看待很多事情也不再偏激，面对很多利益不再只考虑自己。以前我在表达观点的时候，父母虽然也比较开明，但是我知道他们没听进去。现在我表达自己观点的时候，他们对我提出的问题很重视，还会问我有没有比较好的解决策略。

其实对于这个事情，我第一感觉肯定是开心啊。终于有人重视我的观点了，我也意识到可能之前他们觉得我的观点幼稚。所以我自然愿意多说一下想法和思考。但是随着交流，可能一方面自己在学校青春而思辨的环境里进步迅速，另一方面父母因为日复一日的工作，在很多事情上经验多而思考不足。不是说父母一辈的人不聪明，而是相比平时和院士、各个领域精英交流的感受而言，感觉他们已经不再是那个曾经的"屋顶"和"顶梁柱"了。

再越来越多的经历之后，我的思维密度、抗压能力和坚定的意志在某些方面已经更胜一筹。所以渐渐地，父母越是夸奖我，越是依赖我，我越害怕。因为我觉得我还是个宝宝，至少我还没有做好一秒钟成为新的顶梁柱的准备。当然相比那些十几岁出来打工的人，我已经很幸福了。但不管怎么说，如果可以选择，世界上不可能有人上赶着承担更多责任。生活中，很多人都是因为种种原因赶鸭子上架，命运很少会等你真正准备好才让你上，因为我们往往永远不会准备好。

其实最后的最后，对我来说，更多的是感慨。到底是 25 岁做顶梁柱还是 30 岁，有什么区别呢？反正，永远都没准备好，就等于"时刻准备着"。

我更多在感慨，回想当年小的时候，我哭闹着想吃 10 块的汉堡包，但是那个时候汉堡包绝对是孩子的奢侈品。当时只有每周五才能吃，因为周五我有课外班，我妈妈为了哄我，就答应上完课，可以吃一个汉堡包作为奖励。

幼儿园的时候，一个周末我在家吃雪糕，北方非常受欢迎的 6 毛钱"芭蕉扇"。中午时，我妈一碰被子，有很多灰尘。于是她提醒我出去吃，卧室有灰尘。我一看阳光下确实好多灰尘。但是我不想出去，所以我就躲在阴凉地，因为阴凉地看不见灰尘。我妈哭笑不得，告诉我灰尘只是太阳光下面能看见，阴凉地看不见，但是也有，满屋都是。我这才幡然醒悟，拿着雪糕走出去了。自那儿以后，我开始注意到那些我们"看不见"的东西，也就是后来提到的"维度"和"客观"。

20 年前去旅游，住的是 40 块钱一晚上，可以睡三个人的民宿。一开始我们错过了大巴，一个开着红旗的黑车司机说 140 元送三个人，但是我们担心安全，拒绝了，补了大巴的票，晚一天到地方住进民宿。早上 5 点，我被父母从被窝里提起来，我们向民宿的主人买了三个茶叶蛋，一人一个当早餐。那个时候，北戴河都是平房，我们在海边拍照片，没有手机，但是有人拿着拍立得，几块钱一张照片。

一家三口旅游了好几天，可能才花了不到 500 元。我当时非常小，可能 5 岁都不到，就懵懵懂懂地跟着父母随处跑。其实我也不一定喜欢早起和奔波，我只是知道妈妈说了要去旅行，我们就去旅行。看到他们的表情是高兴的说明是好事情。我也只记得那个时候，看到满身文身的黑车车主，我也挺害怕的。

后来，大概就是上小学、中学和考大学。父母见证了我的成长，我也见证了他们的成长。随着中国经济的飞速发展，生活水平整体水平每年每月都以肉眼可见的水平提高。至少，现在吃个汉堡包不成问题了，也再也不用担心满身文身的黑车车主上来搭话了。

我总是以为，父母这一辈，他们会一直"成长"下去。直到最近，我在和他们的谈话中，越发感受到他们的疲惫，我指的是这一代很多叔叔阿姨的疲惫。毕竟年龄大了，不可能像年轻人一样精力旺盛。现在很多老一辈人，工作之余就拿起"今日头条"看新闻，尤其沉迷于现在流行的小视频。小孩子沉迷短视频有大人管，中老年人沉迷短视频，没人能管得住。

他们辛苦了这么多年，有权利选择什么时候放松，我也不应该以顶尖学校的研究生水平，要求他们的生活。可理想和现实之间的错配，还是使我心里不是滋味。

一天晚上睡前，我不知为何不住地掉眼泪。

我记事起的 20 年来，见证了中国的腾飞，也见证了周围上一辈叔叔阿姨的"成长奋斗史"。我看到了一代人的风风雨雨，还朦朦胧胧地记得当年大家讨论中国加入 WTO；记得中国申奥成功举国欢庆的样子；也记得有一阶段，我们天天和日本比，这几年由于远超老邻居，国人只关注美国了；周围的长辈们，有的生活变好，有的搬离到其他地方，也有因为事故离开的。

20 年间，我看到他们起身，冲刺，一路上跌倒过又爬起来，然后继续冲刺。在我的记忆里，那是一个充满机会的年代，同样也是快速迭代的年代。我以为他们会一直以这样的活力，冲刺下去。现在才发现，他们渐渐老了。威严在他们眼中，变成了和蔼；坚定在他们脸上，换成了慈祥。他们有疲惫的一刻，他们甚至可能有离开的一天。

曾经睿智和成熟的大脑，在面对新一代的年轻人时，好像一部摩托罗拉的BB机面对华为的mate30Pro。虽然我是mate30的那一方，但一点儿没感到骄傲，我只是莫名的心酸和心疼：一方面我感慨他们的一生，一方面我预见到了自己30年后的未来。

一代人的努力，一代人的成长，一代人的摸爬滚打，都化作2020年99万亿GDP中的一分子。但也终有一天会化作泥土，一辈人的奋进会在欢声笑语中归于平静，一个时代的辉煌会在柴米油盐间飘散于无形，多年后的很多事情都变成了"理所应当"，没有一个孩子会再提起当年的过往。

后来慢慢地，我也变得唠叨起来，会叮嘱弟弟妹妹好好学习，会叮嘱家人出门注意安全，会给那些很久没联系的亲戚朋友发个微信问问情况。那些我曾经不理解的，看似多余的关心，我现在都理解了。

新的一代要成长和负重，要接住老一辈人的接力棒，为守护很多东西继续前行。

周恩来总理之所以受人爱戴，不是因为"为中华之崛起而读书"比"为家父而读书"志向更"大"。说出一个"远大理想"只要嘴上一秒钟，扛起众多嘱托和期望则要走上一辈子。

美国以雄鹰做图腾，意图雄霸天空。

但禽类中，有比雄鹰更雄壮和坚决的。

那就是肩负梦想与责任，翅膀下护着13亿个蛋宝宝的鸡妈妈。

为什么雄壮？因为她肩负使命，脚踩泥土，力从地起。

为什么坚决？因为她胸有梦想，心系传承，退无可退。

3. 于苍生

——"平天下"

临江仙·滚滚长江东逝水

杨慎

滚滚长江东逝水，浪花淘尽英雄。是非成败转头空。青山依旧在，几度夕阳红。　　白发渔樵江渚上，惯看秋月春风。一壶浊酒喜相逢。古今多少事，都付笑谈中。

上一小节谈到，面对矛盾，我们主动承担。然而纵然我们神如诸葛、强如八臂哪吒，仍然无法战胜衰老和时间。这又回到了上一章的"虚无主义"，我们最后得出结论：失去，是一种"义无反顾"的归属。

很多刚刚毕业或者高年级本科生，可能会有一个不适应的感觉：自己考上好大学的时候，周围的叔叔阿姨们都仰视自己。一路努力，在大学也获得了很好的成绩，到了社会上，却发现当时仰视自己的叔叔阿姨那一辈，都变成了自己的"顶头上司"。换句话说就是，我们努力了 20 年，终于成为新一代社会最基层人士，有一种天堂直坠入大地，满身尘土的感觉。

你可能还会发现，在学校里面很简单：努力学习——考高分——排名靠前——皆大欢喜。但在社会上，那些学习不好的同学爸爸很牛；那些你的小跟班有一技之长收入远高于你；那些以前追着你问问题的学弟早有了女朋友。哪怕是各个方面条件相同，对方可能一个机遇找到一个好工作，而你还在无尽的面试和重复性实习工作中挣扎。

高考之前，我们强调最多的就是"诚信"和"公平"。这也是对抗阶级固化最有力的武器。

但是高考之后，我们见识到了社会，我们看到的更多是复杂和现实。这里说"公平"已经是幼稚的话语了，不明"规则"的我们常常被莫名其妙地教做人，结论是有时越努力反而越糟糕。宏观环境看来，中国的经济增速已然放缓而进入新常态，我们站在老一辈人的肩膀上，能向上攀爬的距离眼看越来越短。

很多人连"游戏规则"都没弄清楚，就贸然下注，损失惨重是意料之中。

更糟糕的是，生活，是一场不能存档回档的"游戏"，亦如一枚不能重开的"盲盒"。

这样的悲观，其实是可以理解的。但我们不能容忍的是，很多营销号为了中饱私囊，而"贩卖焦虑"。只顾自己年入百万，不顾很多偏误的观点对社会造成的恶劣影响及让青年群体形成的错误价值观和世界观。

世界不是阴暗的，世界是有规则的。

人心不一定是险恶的，前提是你要学会尊重别人的利益。

学校环境里一切都是"确定的"，出了学校我们要学会接受的第一堂课就是"不确定"。

这是"时钟理论"到"混沌理论"的过渡。

这名字是不止一位前辈在学校分享时讲的，意思很好理解。我们在学校的时候，就像时钟一样，付出多少努力，得到多少回报，非常"公平"。但是步入社会，生活是极为复杂的，你准备了三个月没有面试通过，你的朋友可能随便试一下就获得了留用。你的男（女）朋友可能因为异地忽然闹分手，你的家人可能也会有各种各样的事故。年龄小的时候，都是父母涨工资，哥哥姐姐考大学。长大之后，更多的是爷爷奶奶去世，某个朋友失业找你借钱。

我们的人生，逐渐变得不再"确定"。也就从时钟理论走到了混沌理论。

如何适应这个"游戏规则"呢？

就是打破刚性兑付思维。不要期待努力会像"余额宝"，下一秒一定会给你一点"利息"。

我们看待问题要以"概率论"的角度看待。比如虽然你没有面试成功，但是你积累了经验，下次肯定可以增加胜算。男（女）朋友闹分手，也是因为你学业繁重后，给予对方的关心越来越少。家人以前也会有各种各样的事故，但当时是父母承担了，没有告诉你，现在轮到你去处理问题了。

其实"倒霉事"没有因为你长大而变多。

当我们学会打破"刚性兑付"，接受在短期内的"不公平"，在长期水平上，命运一定是公正的，我把"命运的公正"称之为：概率公正。

清楚"概率公正"，我们其实会轻松很多，我们开始接受人生的"不确定性"。也会发现，在时间的力量下，波动终究会抚平。

所以真正的超然，是一种看穿客观规律，知道我们都将会力竭后坠入大海，仍乘风破浪的积极态度。

"平天下"看似是"修身"和"齐家"的延伸，从另一个角度看，"修身"和"齐家"都是"平天下"的一部分。

先扫一屋，再扫天下。

我们也尊重客观规律，放下傲慢尊重每一个人。我们理解现象背后的本质，我们包容利益背后的信仰。

之前新闻报道的北大的学长柳智宇，出家8年后才首次接受采访。采访中提到：佛教本身是以生命体验为核心的，佛陀的本意是让人们觉悟生命的真相，要用合理的方式来思考生命、认识生命，是成为自己生命的主人，而并不是盲从于某种教条。

我真的无比认同。浏览了整个采访记录，柳智宇前辈回答得很真实，但是很智慧，他的智慧不是假装的说辞，而是一种踏实的强大感。对任何信仰的虔诚，就体现在你去为了它所经历的种种，而非大把撒钞票，那反而是不尊重。

真正的佛法，也包括其他优秀的教义，是尊重众生本来的样子的，而不是"强度"众生。一旦"强度"，说明这个佛心中有"执念"。而说好的"四大皆空"呢？为什么非要扶老奶奶过马路呢？你怎么知道她家一定在马路那边？

要想出世，必先入世。

你要喝酒吃肉，你要说谎，你要与人争斗，你要体验爱情，你才能最大限度地体验每个人的感受。如果一个人一出生就不食人间烟火，不懂爱恨情仇，何谈理解他人？没有理解则没有包容、力量和善良，只能是个对生活冷淡的人。

说了半天佛法，咱们再讨论一下人间烟火，中和一下浓厚的"学术氛围"。

金融史上很出名的一个故事是《魔鬼交易员》。

故事的主人是李森。他被称为金融历史上最有名的"魔鬼交易员"。

1995 年 2 月 26 日，233 年历史的全球最老牌的商业银行巴林银行（Barings Bank）宣告破产。就在 3 天前的 2 月 23 日，该行驻新加坡首席交易员尼克·李森（Nick Leeson）在办公室留下一张写着"I'm Sorry"的字条，就再也没有回来。

1995 年，他一直看涨日本经济。但是咱们作为"过来人"都知道，日本后来是迷失的二十年，加上 1995 年还有神户大地震。李森每次都赌输了，但是他成倍押注，损失也是成几何级上涨。他当然知道，只要成功一次便可以翻盘，他成宿睡不着觉。但倒霉的是他一次都没赌赢。

结果就是这家可怜的银行破产，而他被法院判了 6 年。

惹出这么大的麻烦，你肯定以为被业界称为"金融流氓"的李森在监狱里要被各种势力打断腿。

恰恰相反，李森在出狱后写了一本自传——《魔鬼交易员：我是如何搞垮巴林银行的》，并专门在各地讲授金融风险管理，尤其是告诉大家如何"摆脱压力"。

这可比网络"大师"们要靠谱，毕竟人家是亏过 8 亿多英镑（1995 年的物价和汇率大家想象一下），凭一己之力搞垮巴林银行的。"大师"们经历再多，抗压再强，能有他的压力大？能比他有发言权？

人家现在过得也是美滋滋，全球到处演讲挣钱。

所以是非成败转头空，祸兮福之所倚，福兮祸之所伏。

如果当时他想不开自杀了，可能也就没有后面了，而且他的家人又会怎么样呢？事已至此，不如让他去惊醒更多的冒险家。

即便我们遇到再大的困难，或者非常绝望的时刻，在长期来看都是小波动。

短期上我们防止"认知失调"，还记得"心态崩了"和"心态稀碎"吗？

长期上我们避免"虚无主义"，一个人的价值是在他死亡的一刻定格的，不妨积极努力一下，说不定会有什么东西出现。

"修身""齐家""平天下"三篇已经逐渐接近尾声了。

在共同经历的几个小时里，我们一起讨论和经历了很多事情，也探寻了很多哲理。再次强调我们的逻辑链"因客观而理解、因理解而包容、因包容而力量、因力量而善良"。

整条逻辑链的基点就是"从客观出发"。

反乌托邦漫画《天堂屠夫》的开头让我难忘，主角奥因克因血洗"天堂城"被判死刑，被称为"天堂屠夫"。临刑前一个年轻的牧师和速记员来找他，这是奉主的旨意来记录这个杀手的遗言。

打开幽暗的死囚门后，年轻的牧师说："你准备好忏悔了吗？"

奥因克说："忏悔？孩子，我没什么好忏悔的。我死后，他们就会把我描述成一头怪物。而这一切的真相，只有你知、我知。出了这牢房就会被他们歪曲成谎言。"

奥因克接着说道："哼，孩子，现在我倒要来问问你。你，准备好接受真相了吗？"

年轻牧师的话，透露了他的傲慢无知与高傲。而主角奥因克，字里行间可以看出看破一切而充满力量。

具体细节三言两语无法言说，这里不过度展开。整个故事就是告诉大家，真正的罪恶不在于当权者的欺骗，而在于每个人的懦弱。人们知道自己不够客观，但不敢去触碰真相。真正的罪孽是，人们宁愿活在自己愿意相信的谎言之中。

这样的掩耳盗铃是可悲的。虽然生命本身就是一个失去的过程，但悲壮和可悲不是同义词。我们与自然抗争，我们与敌人抗争，我们与自己抗争。

纵使一去不复返，纵然人生未知和困难无尽，我们终将消亡，但仍要拔剑。

骑兵连，进攻！

骑兵连，继续进攻！

骑兵连，继续进攻——

第 十 三 章

天下没有不散的筵席

——不如相忘于江湖

1. 以你为准，我的表白

——予读者

转眼之间，这本书快写完了。

由于开学上课、面试和实习，包括做 B 站和公众号等事情，导致写作的进度大幅降低。春节时一天写一万字，后来只能每天晚上 11 点忙完，写到凌晨一两点，大概是一周只能出一万多字。

现在回想起一个月前，还是春节，那个时候国内疫情严重，海外华侨还在支援国内。每天早起就单纯地码码字，有一位小伙伴当我的第一读者，每天会讨论今天写出的段子、亮点和要调整的地方。

那是一段相当单纯的时光，杂乱书桌上清空的一片空地，纯净的阳光透过玻璃落在印有大学校徽的草稿纸上。凌晨两点睡意不减，和小伙伴讨论当天的进度。自己写的书，可能别人看了付之一笑，但却把自己感动得稀里哗啦。有时候一边流泪，一边写书，把路过的家人吓了一跳。

到了最后这一篇，我的进度尤其慢了。因为我知道天下没有不散的筵席，书要写完了，我也不能继续陪伴书前的你了。我写得更加用心，是因为我希望在最后能留给你最好的。我写得字字斟酌，是因为我希望最后的时间可以过得更慢一些，你可以读得更慢一些。

书中以"修身""齐家""平天下"为明线，从内到外讲述了每个人都可能会遇到的，由浅入深的人生困惑，以及由内而外的生活哲学。我们填了很多坑，但是也有一些没有填满的，等待以后有机会继续一起讨论。

同时，"客观——理解——包容——力量——善良"作为一条暗线，穿插全书三大篇、各个章节和小节。其中三大篇互有勾连，每篇中各个章节也自成体系和相互勾连。

明暗线的交错和各篇章的互动，打造了一部"三维立体"的人生策略体系。

虽然成书时间较短，但是它的背后是近二十年的思考和几年的频繁记录。

只有"万事俱备"，才能"忽如一夜春风来，千树万树梨花开"。

这本书所介绍的内容，只能代表我 24 岁的认知水平，所以大家不要把它"教条化"，也不要过于批判。因为以后肯定会有新的补充，甚至会建立更先进的体系，所以我们不妨"放轻松"，用动态而客观的眼光看待。

我自己是不喜欢别人摆谱讲道理的，所以故事中我通常是那个被"恶整"的对象，也是笑料来源。因为我不喜欢给读者讲大道理，我宁愿你批判我，也不愿你迷信我。虽然我当然希望别人认同我，但是我的初衷是希望激发大家的思考，而不是"代替"大家思考。有道理的地方，我们不去抬杠；有不足的地方，我们继续一起完善。

书中的所有事情都是我感受很深、思考很多的地方。一千个人眼中有一千个哈姆雷特，每个人看到同一个东西，在心中的成像也不尽相同。所有你看到的可能和我表达的，不会百分之百重合。

那么，不用纠结我到底想说什么，就以你为准即可！

这本书是生活给予你的一个新的"盲盒"。看到这里，你已经打开了它的99%。

我的意志和思维体系寄托在这本书上，就像你的影子一样。不是说你花钱买了书就有了这个"影子"。而是你真正读完之后，哪怕把书扔了，我们的心灵和思想早已在你阅读的过程中交汇碰撞。我在影响你，其实你也会影响我，只是我们彼此不自知。如同蝴蝶效应一般，我们的人生轨迹在不经意间已经被对方影响，从此我们的讲话、行为和选择也都会潜移默化地或多或少地带有对方的印记。

书中的很多标准，如果你还达不到，没有关系，因为那些也是我努力的目标，世界上不可能有几个人能万万千千做到。咱们自己做不到，也别装"大师"，以圣人的标准要求别人。

做不到就做不到，又怎样？

我就是你的影子，

你想变得强大，我就陪你一起变得强大；

你想变得善良，我就陪你一起变得善良；

如果说有一天，你想变成一个坏人，那我就陪你一起变成坏人。

我不会去追问你的理由，我相信你有你的难处、你的理由和你的判断。

我会像你的影子一样，无条件地和你一起走下去。

无论正邪，不惜如影随形。

无关对错，只为与你相伴。

2. "一滴水" 怎样得以 "永生"？

表白完了，咱们还是要面对现实。

没有面包，能有爱情吗？

没有土壤，能有花朵吗？

没有面包，你用爱发电吗？没有土壤，你飘在半空吗？

美得你！

且不谈宇宙，光是面对现实的社会，我们就是一滴水。

那一滴水，如何得以永生呢？

在这之前，我先讲一个故事——"百万格子"，一个货真价实，套现百万美元的"想法"。这也是我在清华的一堂课上，一位师兄分享的。后来我在公开渠道查阅了更多细节，觉得很有趣，分享给大家。

主人公是一名英国学生，亚历克斯·图。他为了筹集学费，白手起家做出了总价值高达百万美元的网页。注意，那是在 2005 年的 100 万美元，而做一个网站几乎是零成本。

2005 年的 8 月 26 日，亚历克斯·图仅用了 10 分钟就做好了名叫"百万首页"的网站。其中有 100 万个小格子，每一个只卖 1 美元（也有说是 1 万个格子，每个 100 美元的，总数都是 100 万）。

　　你可以在这个小格子上，随意打广告。这个广告位一旦卖出，就永久归用户，只需要 1 美元。怎么样？即便是普通人也会绝对心动：花一块钱无伤大雅，万一这个网站火了呢？

　　后来他当然成功了。对亚历克斯·图的采访如下：

　　事实上，已经有包括中国在内的 26 个国家和地区的 63 家媒体对我进行了采访和报道，打扰的人太多以至于现在我不得不将自己的个人真实地址从网站中撤掉。但还是会有人不停地来买格子，而且大的订单还在不断地出现。

　　我的家人和朋友们帮忙买下了第一批格子。赚了 1000 美元之后，我写了一篇新闻稿。随着媒体将此付诸报道，一切便疯狂地开始了。顷刻之间，我赚了 10 万美元……20 万美元……赚的钱越多，引起的关注就越多。

　　一切发生得如此之快，对格子的需求超过了供给。当只剩下最后 1000 个格子时，我封锁了所有销售渠道。我将它们在 eBay 上拍卖，并赚到了我梦寐以求的 100 万美元。

　　所以这是真人真事，媒体报道和代理商属于市场化现象，他没有借助任何社会资源进行不公平竞争。10 分钟做的网站，真的卖出了 100 万美元。如果这 100 万美元在 2005 年用来在北京买房子，那现在已经价值 1 亿人民币了。

　　看似亚历克斯·图赚到这 100 万美元是一个噱头，是一次偶然，实际上，他从小就具有商业头脑并且加以实践。他 7 岁时就开始设计公司 logo。9 岁时，卖过自己绘制的连环画，印刷成本 5 便士，但是可以卖到 30 便士，同时还加一条巧克力吸引小顾客们。上学期间，他带着矿泉水出现在球场上，喝一大口 50 便士。看似一次偶然成功的背后，实际上是数以万计的想法和数以千计的实践。

有人说他的"百万格子"是噱头，没有任何价值，他是骗子，他是"割韭菜"。

但其实，人们的注意力和时间，就是价值。

你每天刷抖音，你花钱了吗？有价值吗？你看看字节跳动估值已经超过百度了。

他看似是"割韭菜"，实际上割掉的是那些守旧落后的媒体和网站。比起"割韭菜"，不如说是"优胜劣汰"。

"百万格子"成功的背后，除了噱头还有什么？

百万格子实际上把自己和百万家企业和个人都捆绑在了一起，而且成本很低，每个位置只要 1 美元。当它真的和 100 万个个人和企业捆绑，每一个个人和企业也都希望"百万格子"可以更加出名，自己 1 美元的广告位就会越赚。所以每个人都在努力推动"百万格子"的知名度，在这样强力的助推下，攒齐 100 万美元犹如探囊取物。

真相背后的背后是：

当你的命运和成千上万的人捆绑在一起之后，世界将不会允许你失败。

滴滴、京东、美团，再到 B 站，无一不是每年巨额亏损但是被资本吵得火热的项目。

它们为什么大而不倒？

因为滴滴联合了千万个滴滴司机，服务上亿的用户。

京东十几万员工，在疫情期间撑起全国物流重任的半边天。

　　B站看似是弹幕、游戏和番剧，商业数字的背后，是上亿个归属感的凝聚。

　　在商业和运营的背后，每一个巨头和世界都产生了千丝万缕的联系。他们的命运和无数人的命运紧密捆绑在一起。

　　这就是大而不倒的秘密。

　　所以，"一滴水"如何实现"永生"？

　　那就是，奔向大海！与无数水滴不分你我。

　　对于我们来讲，我们有幸通过一本书相识，也算是一种"命运"的勾连。这本书好似一个小小的盒子，穿越时间和空间，带着不确定性的新奇感，把我们"确定"地绑定在一起。

　　非常感谢每一位读者的陪伴，我是流口水儿，一个愿做你影子的可爱灵魂。

　　虽然可能你不知道我长什么样，但是如果走在街上，我看到你恰好拿着这本书，假使时间刚好，我一定会请你喝杯咖啡。

第十四章

风归云 · 雄关漫道

本书的最后，不想再讲太多，只留一首词给大家。是在写书的过程中，偶然突发灵感创作的，也是我自己创作的第一首词。名字就叫《风归云·雄关漫道》吧，献给我们的匆匆人生、敢爱敢恨和侠骨柔情。

风归云 · 雄关漫道

流口水儿

人在江湖，身不由己，但不忘初心，积小德，弃小恶，心有一猛虎，看日落嗅蔷薇。　枭雄铁汉，己不由身，仍无往不前，草军书，击狂胡，生前身后事，任由他风吹雨萍。

空中风归云雨，地上雄关漫道，真诚祝愿每一位有缘的读者，我的前辈、家人和朋友，也包括我自己，百年人生路上，思想不羁，心灵自由。

致　谢

感谢蘑菇同学！感谢张八次和小熊同学！感谢父母，尤其是书中帮忙回信，友情出演的母亲！也顺便感谢我的父亲吧。这5位是这本书的"第一批读者"！

把感谢父亲放到最后感谢是为什么呢？因为当时我"强迫"大家读我的书稿时，由于他工作太忙，第一批读者中只有他没有读完，而且看完之后没有夸奖我，还提了一大堆意见！所以"记仇"的流口水儿，把他放到最后感谢，并在致谢中单独提醒，以达到"公报私仇"的目的。

正经来说，尤其感谢蘑菇同学的付出。蘑菇同学有很强的同理心和好奇心，每次写完一章，都会最先读完，并且不分青红皂白就是一顿夸奖，然后催稿。因此，每当我觉得好累想拖稿时，都在蘑菇同学的鼓励下坚持完成。写书就像一次长跑，没有优秀的陪跑员伙伴，就没有今天的成书。

最后也厚着脸皮感谢一下自己：终于坚持写完了！写书，不在于有5个读者，还是500万个读者。而是在过程中的一次化蛹成茧，又破茧而出。为了写出系统性的架构，我对自己和世界又进行了系统性的思考和梳理。

　　这本书最大的意义，不在于你买了它，而在于你看到它。（买了不看，放书架上吃灰，有啥用？）当你开始看这本书的时候，我们就算认识了。当你读完它的时候，我们早已成为冥冥之中的知己。

　　这本书成了一张网，连接了我们每一个生命。

　　生命的律动被这张网传向远方，记录着我们每一个人的脉搏。

　　听！那是——

　　心动的声音。

所

以

藕荷色 Lotus color	麦田色 Wheat field	绿豆沙冰色 mung bean ice
青团绿 Green dumpling	乱子草粉 Muhlenbergia capillaris	撒哈拉黄 Core Sahara Yellow
番木瓜色 Papaya	奶油黄 Cream yellow	胭脂红 Carmine
咖啡色 coffee	芭蕉绿 Plantain green	青灯古卷色 Ancient scroll
海滩黄 beach	咸蛋黄色 Salted Edd Yolr	桃粉色 peach
珊瑚橙 Coral Orange	狗尾巴草绿 Dog's tail grass	蜂蜜色 Honey